SHUXUE GAINIAN ZHIYUAN

数学概念之源

韩祥临　王生飞　王星鑫　徐　锋◎著

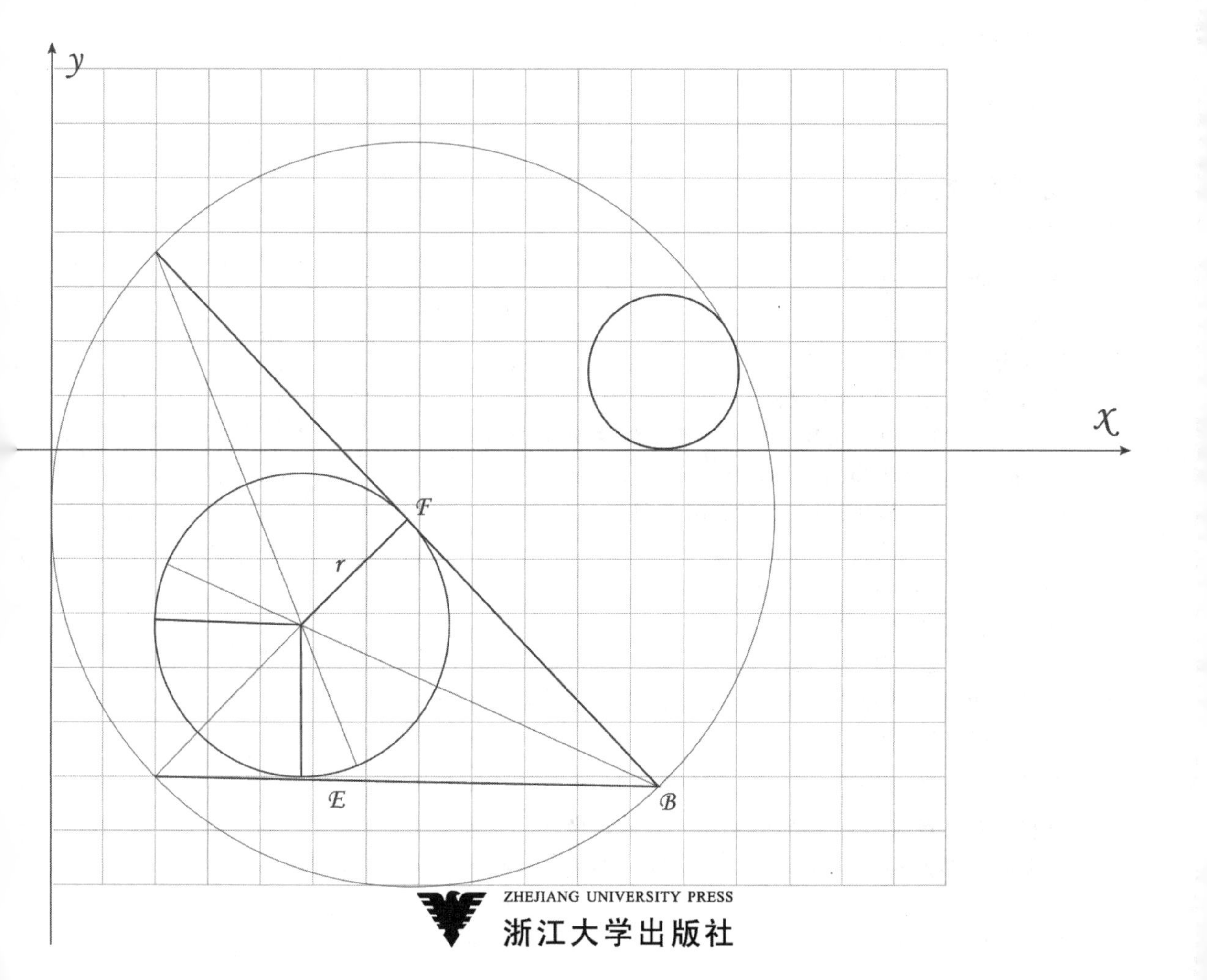

ZHEJIANG UNIVERSITY PRESS
浙江大学出版社

图书在版编目(CIP)数据

数学概念之源 / 韩祥临等著. — 杭州 ：浙江大学出版社，2022.1(2024.7 重印)

ISBN 978-7-308-22166-5

Ⅰ. ①数… Ⅱ. ①韩… Ⅲ. ①数学史 Ⅳ. ①O11

中国版本图书馆 CIP 数据核字(2021)第 270151 号

数学概念之源

韩祥临　王生飞　王星鑫　徐　锋　著

责任编辑　王元新
责任校对　徐　霞
封面设计　春天书装
出版发行　浙江大学出版社
（杭州市天目山路 148 号　邮政编码 310007）
（网址：http://www.zjupress.com）
排　　版　杭州朝曦图文设计有限公司
印　　刷　杭州杭新印务有限公司
开　　本　787mm×1092mm　1/16
印　　张　12.75
字　　数　262 千
版 印 次　2022 年 1 月第 1 版　2024 年 7 月第 8 次印刷
书　　号　ISBN 978-7-308-22166-5
定　　价　48.00 元

目录

Contents

1.数

1.1 自然数

1.1.1 自然数的概念

自然数是表示事物个数的数,用数码0,1,2,3,4,…表示。自然数由0开始,一个接一个,组成一个无穷的集合。自然数有有序性、无限性、传递性、三歧性,并满足最小自然数原理,可分为偶数和奇数,合数和质数等。自然数是一切等价有限集合共同特征的标记。因为自然数的英文为natural number,所以取其首字母将自然数集记为**N**。

自然数集对加法和乘法运算是封闭的,即两个自然数相加或相乘的结果仍在自然数集中,但相减和相除的结果却未必都是自然数。自然数是人们最早认识到的数,也是所有数中最基本的一类数。19世纪,为了建立严密的自然数逻辑基础,数学家便给出了自然数的两种等价的理论,自然数的序数理论和基数理论,使自然数的概念、运算和有关性质得到严格的论述。

自然数的序数是指表示事物次序的数[序数理论是意大利数学家G.皮亚诺(1858—1932)首先提出来的],而自然数的基数则定义为有限集的基数,即两个可以在元素之间建立一一对应关系的有限集合所具有的共同数量特征。于是,一头牛、一只羊、一匹马等各自所组成的集合就具有同一基数,记作1。类似地可定义自然数2,3,4等。

皮亚诺

1.1.2 自然数的来源

数学首先是数的科学,没有数就没有数学。数是人类最伟大的发明之一,是人类精确描述事物的基础。在科学文献中处处都用到数。从宋朝邵康的诗句“一去二三里,烟村四五家。亭台六七座,八九十枝花”以及清末陈州的《吟雪诗》“一片两片三四片,五六七八九十片。千片万片无数片,飞入芦花总不现”可以看出“数”不仅是数学的语言、科学的语言,而且是人们日常生活的语言、精确描述事物的必需语言,是人类文化和文明的有机组成部分。但看似普通的“数”,其发明与发展的历程却是艰辛的。

数(shù)的概念起源于数(shǔ)。在原始社会,人们以渔猎采集为生,当把食物均分给大家时,必然会出现人多物少或人少物多的情况,这样在无数次比较中就逐渐形成了“多”“少”“有”“无”的观念,但这时人们尚不知道“多”与“少”是具体事物集合的一种特征,还没有形成抽象的数的概念。他们不是把每个集合中的事物数(shǔ)出来,而是用匹配的方法,即一一对应。例如,5 个人打猎打了 6 只兔子,每人先拿 1 只(这就是一一对应),最后剩下 1 只,于是人们就知道了“多”。今天,一一对应的思想在数学上广泛运用,例如数轴上的点与实数可以建立一一对应,一个函数可以看成是两个集合之间元素的一一对应。

罗素

手的作用是用来抓取东西、使用工具,而在“屈指可数”的情况下,人们逐步学会了用自己的手指(或脚趾)与某个集合中的事物对应,来认识这个集合中事物的多少,即产生了模范集合。经过长期实践,当智力发展到较高程度时,人们逐步认识到各种事物集合在量上具有的共同特征,于是,人们便舍弃事物的具体内容而得到抽象的数。对此,英国数学家罗素(1872—1970)曾感慨地说:“不知要经过多少年,人类才发现一对锦鸡和两天同含一个数字 2。”这样,人们就从 1 只羊、1 匹马、1 个人这些具体事物中,抽象出 1,后来逐步抽象出 2,3,…一般自然数的概念。

所以说,0,1,2,3,…这些数之所以叫自然数,是因为它是人们自然而然地数(shǔ)出来的数,它起源于对自然物品的识别、分类、清查、清点、点数。自然数的数量是自然量。这些“量”是自然显现出来的,是人们能够直接感觉到的,如“一只羊”“一棵树”“一个人”等,是直接与物品相连,而不需下定义就显而易见的。

1.1.3 “印度—阿拉伯数字”名称的来历

现在通用的数字,0,1,2,3,4,5,6,7,8,9,最早是印度人发明的(当时是手写体且未定型,与今天通用的印刷体有些区别,如表 1-1 所示是印度数码的主要演变过程[①])。

---

① 李迪.中外数学史教程[M].福州:福建教育出版社,1993.

表 1-1　印度数码的演变

现代形式	0	1	2	3	4	5	6	7	8	9
Brahmi-Asoka 碑（公元前250）		|	||	|||	+		[illegible]			
Nasik 碑（公元1世纪）		—	=	≡	[illegible]	[illegible]	[illegible]	7	[illegible]	?
Ksatrapa 钱币（公元2—4世纪）		—	=	≡	[illegible]	[illegible]	[illegible]	3	[illegible]	3
Bakhshali 手稿（公元8—9世纪或更早）	•	—	[illegible]	[illegible]	[illegible]	[illegible]	[illegible]	[illegible]	[illegible]	[illegible]
梵文手稿（公元10世纪）	o	[illegible]	[illegible]	[illegible]	[illegible]	[illegible]	[illegible]	[illegible]	3	[illegible]
佛教手稿	c	[illegible]	2	3	[illegible]	[illegible]	[illegible]	[illegible]	[illegible]	[illegible]

大约在 7—10 世纪，阿拉伯人迅速兴起，建立了东达印度河、西临大西洋、横跨欧亚非三大洲的阿拉伯帝国，并把印度创立的这套数字带到了阿拉伯。在阿拉伯，这套数字的字体发生了变化，成为东阿拉伯数字。13 世纪初，东阿拉伯数字经北非传入欧洲。在欧洲，这套数字又发生了变化，其印刷体也逐渐改成了拉丁字体，最后发展成西阿拉伯数字。西阿拉伯数字基本上就是现在我们所使用的阿拉伯数字不断改进后逐步定型的。由于欧洲人误认为这套数字是阿拉伯人发明的，所以欧洲人称之为阿拉伯数字。

西阿拉伯数码

西阿拉伯数字从 13 世纪开始通过欧洲迅速传到世界各地。大约在 13—14 世纪，这套数字就传入中国，但一直没有得到朝廷重视和民间使用。这是为何？原因主要在于当时中国数字和文字的书写方式。由于古代中国都是采用竖式书写的，若把阿拉伯数字用竖式写出来，往往无法阅读，致使阿拉伯数字在中国古代书籍和账簿中无法使用（中国古代记账时将 123 记作一百二拾三或壹佰贰拾叁，读起来很方便，不必特意定位）。阿拉伯数字本来可用于演算列式，但是在 13—14 世纪，我国根据筹算研制的算盘已经诞生，并广泛地推广使用，算盘已成为主要的运算工具，阿拉伯数字的演算功能在我国又失去了使用价值，也就无法被广泛地推广和运用了。①

另一个原因是我国古代主要用毛笔（软笔）书写，而外国采用鹅毛笔书写。由于毛笔

---

① 黄清河. 阿拉伯数字传入中国的历史及其名称的产生和演变[J]. 中国科技术语，2019，21(5)：68-74.

是软笔，鹅毛笔属硬笔，用毛笔竖式书写汉语数字，既方便又美观，读起来还方便。若用毛笔竖式书写阿拉伯数字，书写和阅读都不方便。相反，使用鹅毛笔采用横式书写数字就十分方便，还能演算，也方便读数。所以，阿拉伯数字不适合中国古代的毛笔书写。

1610 年，利玛窦(1552—1610)编写了一本介绍欧洲宇宙论和天体测量方法的著作，书名叫《理法器撮要》，其中记录了 1、2、3、4、5、6、7、8、9、0 这 10 个阿拉伯数字。明代李之藻(1565—1630)与利玛窦合译《同文算指》(1613)时，虽然采用了横写方式，但把阿拉伯数字都翻译为汉字数字一、二、三、四等①。这说明阿拉伯数字传入中国有些水土不服，也说明了传统数学文化是根深蒂固的。当然，阿拉伯数字的传入也引起了部分中国学者的注意，例如方以智(1611—1671)在《通雅》(1642)卷二中说："太西氏十字，皆只一画，作 1、2、3、4、5、6、7、8、9，不烦两笔，亦取其简便耳。"阿拉伯数字对于当时的中国人来说应该是很新奇的，这种连笔书写的方法，对于习惯于分笔书写汉字的中国人来说是很感意外的。

那么，中国人是怎样接受这套数字的呢？从硬件条件上来说，清朝末年，美国生产的派克等名牌金笔相继出现在中国市场，使得中国有部分人特别是上层或富家子弟有条件使用硬笔书写。到 1928 年，中国第一家自来水笔工厂在上海创办，这样硬笔书写的硬件条件就成熟了。到 1935 年，陈公哲(1890—1961)的《一笔行书钢笔千字文》由商务印书馆出版，硬笔书写已经从普通的书写发展到艺术的高度。

从软件条件来看，由于 19 世纪下半叶西学东渐和洋务运动的影响，西方科学知识以很快的速度在中国传播和普及，各地纷纷设立学堂，增添了外文、数学和理化，传统数学符号逐渐被废除，书写方式也随着外来文化的传播慢慢改为横式书写。以《西算启蒙》(1885)为代表的数学启蒙书籍，开始讲授和使用阿拉伯数字。

中国第一部使用阿拉伯数字的数学著作是美国传教士狄考文(1836—1908)在中国邹立文的协助下编译了《笔算数学》(1875)，书中将阿拉伯数字系统地引入中国传统的算式中，彻底替代了原来的汉字数字②。此后，音乐简谱便从日本传入中国，从而为阿拉伯数字的推广使用起到一定的促进作用。

---

① 严敦杰.阿拉伯数码字传到中国来的历史[J].数学通报，1957(10)：1-4.

② 狄考文.笔算数学[J].上海：华美书馆，1875.

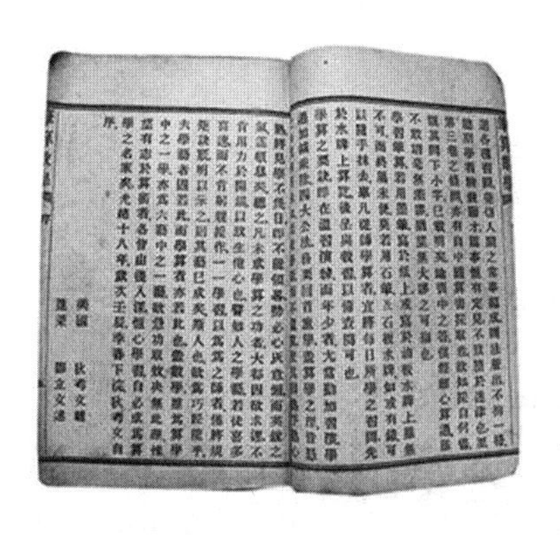

《笔算数学》序

最早提出在书面语言中使用阿拉伯数字的中国人是朱文熊(1883—1961),他在《江苏新字母》(1906)一书中的数目字均用阿拉伯数字。1908 年,刘孟扬(1877—1943)在《中国音标字书》中的"文内带数目字写法"一章,比较完整地规定了书面语中阿拉伯数字的写法。到 20 世纪 50 年代,由于中国书刊改用横排,这为阿拉伯数字的使用提供了便利条件,于是大量的刊物开始采用阿拉伯数字。但此时数字的用法仍旧比较混乱。

1956 年,国务院出台了《关于在公文、电报和机关刊物中采用阿拉伯数码的试行办法》的文件,此后又出台了一系列规定,要求《人民日报》等报纸从 1957 年开始使用阿拉伯数字。但要把人们的使用习惯一下改正过来,还需要一个过程,所以,在使用过程中仍有些混乱。直到 1987 年 1 月 1 日,国家语言文字工作委员会、国家出版局等 7 个单位联合发出了《关于出版物上数字用法的试行规定》的通知,再次要求"凡是可以使用阿拉伯数字而且又很得体的地方,特别是当表示的数目比较精确时,均应使用阿拉伯数字。"这样,这套阿拉伯数字在中国就全面铺开了。

另外,对 Arabic numerals 的汉译千差万别,最早有关阿拉伯数字的汉语名称见于方以智的《通雅》中,书中称之为"太西氏十字"。后来,又有人翻译成"西国数目字""洋数""西码""数目小写"。还有一种是半音半意的译名,像"亚剌伯号码""阿喇伯数目字""亚喇伯计数号码""阿剌伯数号""亚拉伯字""亚剌伯号码""阿拉伯码子""阿拉伯字"等。"阿拉伯数字"这个名称至迟在 1913 年就已经见诸文献了,但没有占据主流。后来 Arab 统一翻译成"阿拉伯",于是 Arabic numerals 的译名也以"阿拉伯数字"的形式固定下来。

阿拉伯数字是世界上最完善的数字之一。它笔画极其简单,结构相当科学,形象十分清晰,便逐步被世界各国普遍采用,并成为一套国际通行的数字体系。随着中国人对于阿拉伯数字的了解日渐加深,其便利性也得到了认可。在中国人把西方的数学文献翻译成中文之始,便跟随着欧洲人叫阿拉伯数字,并在很长时间内被人们所公认。今天,随着对数学史的不断研究和深入,我们找到了这套数字的源头——印度,又考虑到阿拉伯人对这套数字的传播作用,所以把它称为印度—阿拉伯数字。

1.2 “0”

1.2.1 何时把“0”作为自然数的

策梅罗

“0”是否包括在自然数之内曾经是存在争议的。早期，人们认为自然数就是正整数，后来也有人认为自然数是非负整数，但直到20世纪，尚无一致意见。把0作为自然数是1908年公理集合论的主要创始人德国数学家策梅罗(1871—1953)第一个提出的，此后逐步在欧洲得到认可。1993年，《中华人民共和国国家标准》中“量和单位”首次确定把0作为自然数，这是为了与国际接轨，推行国际标准化组织(ISO)制定的国际标准。

现行九年义务教育教科书和高级中学教科书(试验修订本)都把非负整数集叫做自然数集，记作 **N**，而正整数集记作 $\mathbf{N}_+$ 或 $\mathbf{N}^*$。这就一改以往0不是自然数的说法，明确指出0也是自然数集的一个元素，0同时也是有理数，也是非负数和非正数。

1.2.2 把“0”作为自然数的意义

0作为自然数有什么好处呢？众所周知，自然数有三大功能：描述有限集的基数，即刻画一类事物的多少；描述有限集中元素的顺序性质，即刻画一类事物的顺序；描述自然界中事物的数量关系，即运算功能。

而数学中的集合被分为有限集合和无限集合两类。有限集合是这样一类集合，它不能与自己的任何一个真子集建立一一对应关系，像某班学生构成的集合，其中的元素就有有限个。无限集合是能与自己的一个真子集建立一一对应关系的集合，例如自然数集就能够与它的真子集偶数的集合建立一一对应关系，因此它是无限集。

韦伊

但在有限集合中，有一个最主要也是最基本的集合，叫空集，记做∅[读 oe，空集符号∅是法国数学家安德烈·韦伊(1906—1998)于1939年首先采用的，其字形受挪威语和丹麦语字母Ø的启发]，它的元素个数为0。有了0作为一个自然数，自然数就能刻画所有有限集合元素的个数了。

那么，把0作为自然数后会不会影响自然数的性质呢？例如自然数的运算功能。幸运的是，0加入正整数集(传统的自然数集)后，所有的运算规则依旧保持。另外，0 加入传统的自然数集合后，自然数集对加法来说构成可交换半群（对加法是封闭的，满足交换律，有零元，但不存在逆元，对减法不封闭）。这样，自然数集相对于传统自然数集合的性质更好了。

1.2.3 “0”这个记号的由来

0 是极为重要的数字。我国古代用算筹记数和计算，只有算筹数字，没有这个特殊符号。所以在计算过程中要先定位，然后用空位表示零。

0 这个数是谁最早创造的，说法不一。有一种说法是说由印度人在约公元 5 世纪时发明的，开始用小黑点，到 9 世纪演变成一个圆圈。印度天文学家把这套数字传到伊拉克的巴格达，然后得到阿拉伯人的认可，并逐步取代了阿拉伯原来的记数法。后来又通过阿拉伯传到欧洲。印度人之所以能创造这个概念和符号，可能与佛教中存在着“绝对无”这一哲学思想有关。

早期的印度数字

由于一些原因，最初引入 0 这个符号传到西方时，曾经引起西方人的困惑，因当时西方认为所有数都是正数，而且 0 这个数字会使很多算式、逻辑不能成立（如除以 0）。有的国家甚至把 0 当作是魔鬼数字而禁用。直至约公元十五六世纪，0 和负数才逐渐被西方人所认同。

在数学运算中，规定 0 不能做除数，这是为什么呢？若除数是 0，当被除数是非零正数时，商不存在，因为任何数乘 0 都不会得出正数，所以 0 做除数就没有意义了。若除数是 0，被除数也等于 0，这样也不行，因为任何数乘 0 都得 0，答案将有无穷多个，无法给出确定的值。

1.2.4 “零”“〇”与“0”

1 2 3 4 5 6

商 商 西周 《说文》小篆 汉 汉 楷书

1、2.《甲文编》第453页；3.《金石典》卷30,第66页；4.《说文》第241页；5.《甲金篆》第811页；6.《隶辨》第269页

“零”字的演变

中国古代常用“零”来表示今天数学意义上的“0”。“零”是形声字，其中上半部分“雨”作形旁，表示下雨；下半部分“令”作声旁，表示音读，是不示义的声符。“零”的本义是零零星星的、徐徐而下的小雨。

有学者认为甲骨文“零”字本作“霝”，在“六书”中属会意字，甲骨文作图中1、2，上半部分是“雨”，像天上下雨的样子，下半部分有数量不等的小雨点和几个方块形，方块形可能代表大的雨点。后来因此就借用为零碎、零落、零数、零头等意义，并转注为从雨、令声的“零”字，以保留下雨本义，篆文因此写成“零”。

宋元时期，“零”的含义又拓展为表示空位。例如秦九韶(1208—1268)在《数书九章》卷一中记录数字1203045840时，是这样表达的：“十二亿零三百零四万五千八百四十”①。同时，当一个数字连续有多个空位时，也只写一个零，例如20005，记为“二万零五”。

到19世纪初，“零”已明确表示“无”“没有”“空”等概念。清代华蘅芳(1833—1902)《学算笔谈》(1882)记有：“名位之数，既俱可用自一至九之各数记之，则其空位当以零字记之，或作一圈以代零字亦可。”也就是说，数的空位既可以用“零”记，又可以用“〇”记，例如2009，可以记作“二零零九”，又可以记作“二〇〇九”，但均读作“二零零九”。可见，这里的“零”确实指现代意义下的“0”，而不是“零头”，与秦九韶的表示法也是不同的。

首创用“〇”表示“0”的是《金史》。《大明历·金史·历志下》步月离第五记载：“迟三度七十八，益三百〇九。”这里以书面形式把“〇”作为数“0”的概念使用。这种表示法一直延续下来，并形成了一套完善的数码书写系统(小写数字)：〇、一、二、三、四、五、六、七、八、九、十、百、千、万等。

五四运动以后，符号“〇”的其他用法逐步废止，并成为仅仅表示“0”概念的中国数字。清末，中国人逐步接受印度—阿拉伯数字，“〇”“零”“0”的概念得到统一，都可以表示“0”的概念，并统一读作零。

1.3 记数

人类在蒙昧时期，就已经具备一种才能，这种才能因为没有更恰当的名字，我们姑且叫它为数觉。由于人有了这种才能，当在一个小集合里增加或减少一样东西的时候，尽管他未直接知道增减，也能辨认到其中的变化。权威的实验证明，具有数觉的动物只限于极少的几类：几种昆虫、几种鸟类和整个人类。鸟的数觉不会超过四。人的数觉甚至是文明人的直接数觉也不超过四，至于触觉，范围还要小。人类若单凭这种直接的数的知觉，在计算上是不会比鸟类有多少进步的，更谈不上发展什么数学，但智慧的人学会了

① 秦久韶.数书九章//丛书集成初编，1936.

用另一种技术来帮忙，这就是记数。

什么是记数呢？当数学发展到一定阶段时，人们就创造了一定的文字或符号来记载一定的数目，这就是记数。这种表示数目的方法就是记数法。记数法大体可分为三类：算具记数、数码记数和文字记数。

算具记数是未有文字之前的最原始的记数法。人类最早记数靠堆积石块木棍或摆弄指趾，后来使用结绳和契刻，如骨管、刻木记数之类。《易·系辞》说："上古结绳而治，后世圣人易之以书契。"说明结绳记数和刻划记数是当时带有普遍性的记数法。三国时吴人虞翻（164—233）在所著《易九家义》中引汉郑玄（127—200）的话说："事大，大结其绳；事小，小结其绳；结之多少，随物众寡。"这里把结绳的用法说得很清楚。

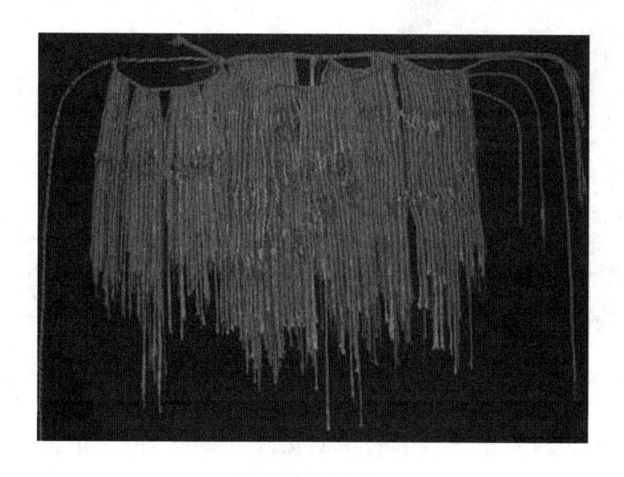

结绳记事实物

1937 年，一位考古学家在捷克斯洛伐克的摩拉维亚发现了一根有刻痕的狼骨。骨头上一共有 55 道刻痕，每 5 道刻痕一组。一般认为这根狼骨的年代约为 3 万年以前。

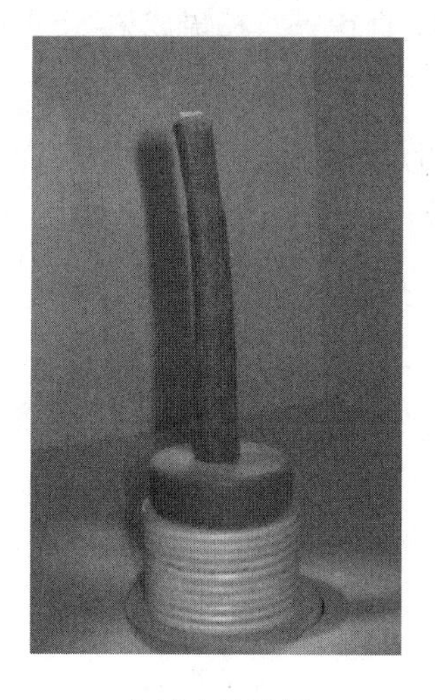

有刻痕的狼骨

中国刻划记数起源于原始社会，根据现有考古发掘资料，最早可以追溯到一万多年前的“山顶洞人”。在“山顶洞人”的周口店遗址中出土了两个带有磨刻符号的骨管，可能是一种刻划记数的实物。到了原始社会末期甚至奴隶社会和封建社会都可以找到刻划记数的痕迹。

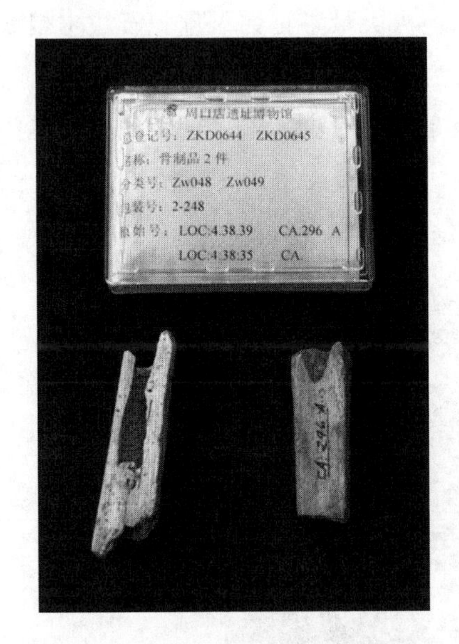

周口店遗址发现的磨刻骨管

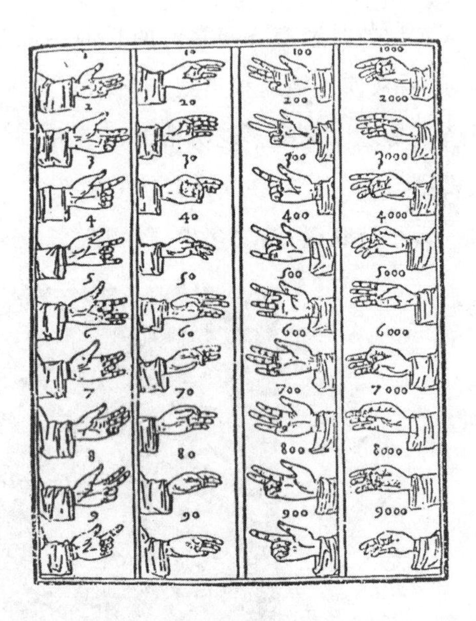

用手指表示数(选自帕乔利《集成》(1494))

其实许多民族在古时对于数目的技术只限于匹配法，他们记录畜群或军队的数目，不是用刀在树上刻若干痕迹，就是用小石卵堆成一堆。就英文 tally(对比)和 calculate(计算)两个字的字源而言，前者是从拉丁文 talea(刻)来的，后者是从拉丁文 calaulus(卵石)转变成的。英国的帐板(tally stick)虽然来源不明，但无疑也是一种刻划记数法，每一小齿代表一镑，大的则代表十镑、百镑等。英语成语“tochalkoneup”(记上一笔)也正是来源于酒保用粉笔在石板上画记号来记录顾客饮酒的杯数。以上所述的记数法，只是人们用来表示集合中元素数量特征的方式，还称不上是数字。

数码记数是指用表示数的符号来记载一定的数目。中国的筹码数字、古埃及的象形数字、古希腊的字母数字、巴比伦的楔形数字、罗马的罗马数字、玛雅数字以及后来的印度—阿拉伯数字都是这一类。

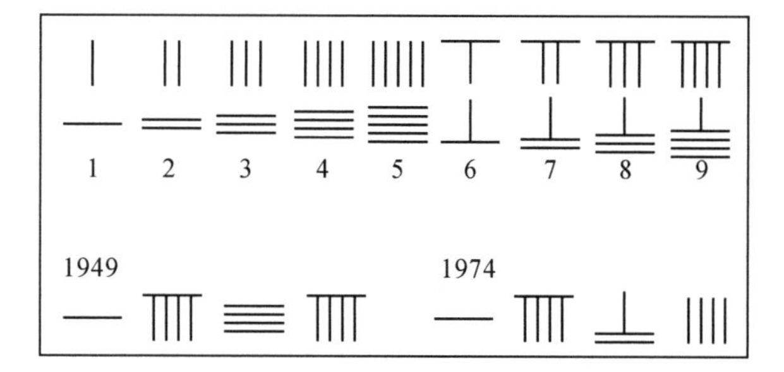

中国的筹码数字

1 2 3 4 5 6 7 8 9 10 11 12 20

30 100 200 1 000 2 000 10 000 100 000 1000 000 10 000 000

古埃及的象形数字

1	2	3	4	5	6	7	8	9
$\bar{\alpha}$	$\bar{\beta}$	$\bar{\gamma}$	$\bar{\delta}$	$\bar{\varepsilon}$	$\bar{\varsigma}$	$\bar{\zeta}$	$\bar{\eta}$	$\bar{\theta}$
10	20	30	40	50	60	70	80	90
$\bar{\iota}$	$\bar{\kappa}$	$\bar{\lambda}$	$\bar{\mu}$	$\bar{\nu}$	$\bar{\xi}$	$\bar{o}$	$\bar{\pi}$	ϙ
100	200	300	400	500	600	700	800	900
$\bar{\rho}$	$\bar{\sigma}$	$\bar{\tau}$	$\bar{\upsilon}$	$\bar{\phi}$	$\bar{\chi}$	$\bar{\psi}$	$\bar{\omega}$	ϡ

1305
,ατε

古希腊的字母数字

1	11	21	31	31	51
2	12	22	32	32	52
3	13	23	33	33	53
4	14	24	34	34	54
5	15	25	35	35	55
6	16	26	36	36	56
7	17	27	37	37	57
8	18	28	38	38	58
9	19	29	39	39	59
10	20	30	40	40	

巴比伦的楔形数字

Ⅰ	1	Ⅻ	12	L	50
Ⅱ	2	ⅩⅢ	13	LX	60
Ⅲ	3	ⅩⅣ	14	LXX	70
Ⅳ	4	XV	15	LXXX	80
Ⅴ	5	XVI	16	XC	90
Ⅵ	6	XVII	17	C	100
Ⅶ	7	XVIII	18	CC	200
Ⅷ	8	XIX	19	CCC	300
Ⅸ	9	XX	20	CD	400
Ⅹ	10	XXX	30	D	500
Ⅺ	11	XL	40	M	1000

罗马数字

0 1 2 3 4

5 6 7 8 9

10 11 12 13 14

玛雅数字

文字记数是用于书面记载以表示数目的文字。文字是语言的书面符号，它必须与读音相一致。例如现在通用数字 235，在汉文中写为"二百三十五"，在英文中则记为"two hundred and thirty five"。以汉文为例，几经演变，形成了一套简洁的书面文字，一般把一、二、三、四、五、六、七、八、九、十这十个记数的文字称为中国数字。这十个数字笔画简单，容易认识；字体整齐美观，书写方便。所以，虽然中国自己创造了筹码数字，并且后来又传入了印度—阿拉伯数字，但在使用上中国数字都没受多大影响。用一、二、三、四、五、六、七、八、九、十、百、千、万这十三个单字（称为小写数字）可以记录 1 亿以内的任何自然数。

甲骨文	一	二	三	亖	X	∩，∧	十	)(	九	|
金文	一	二	三	亖，四	亖 X	介	十	八	九	十
汉时	一	二	三	四	X	六	七	八	九	十
现代	一	二	三	四	五	六	七	八	九	十

中国文字记数的演变

那么对 1 亿以上的大数又如何用文字来记载呢？春秋时期，中国记录大数用亿、兆、京、陔、壤、沟、涧、正、载，多采用亿进。这在《孙子算经》和《数书记遗》中均有记载。

此外，中国还有大写数字：壹、贰、叁、肆、伍、陆、柒、捌、玖、拾。这十个大写数字在唐以前就已陆续使用。《诗经》最早以壹代一，《孟子》用贰代二，《考工记》以叁代三。全面的使用是在唐代，这和当时的官私手工业的发达有关，因为使用大写数字便不容易涂改了。

大写数字

1.4 十进位值制

十进制就是平时我们说的“逢十进一”。其基本原则是：数一叫做第一位单位；十个第一位单位，即数十，叫做第二位单位；十个第二位单位，即数百，叫做第三位单位等，这就是说任何一位的十个单位构成高一位的一个单位。

位值制就是同一数码符号在不同的位置表示不同的数值，即它表示所在位置相应“单位”的一定倍数，如5在个位表示5×1，在十位表示5×10，在百位表示5×100等，不同单位的数采用了相同的符号，这就是位值制的诀窍。

中国自有文字记载开始，就主要采用十进制记数法。殷代的甲骨文和西周的钟鼎文都是用一、二、三、四、五、六、七、八、九、十、百、千、万等字的合文来记十万以内的自然数，这种记数法含有明显的十进位值制意义。实际上，只要把千、百、十和个的字样取消，便和今天的位值制记数法基本一样。例如，殷墟甲骨卜辞记载：“八日辛亥，允戈伐二千六百五十六人。”意思是：“八日（辛亥）那天，战争中杀死二千六百五十六人。”千、百、十表示十进制的位次，二、六、五、六表示各位的数码，去掉表示位次的成分，即为“二六五六”，就非常简单了，与现在的记法2656完全一样。正因为十、百、千、万在记数中处于表示数“位”的附属地位，所以，它可以随意放在数码的上、下或横贯其中，这就形成了早期数字合文有顺读、逆读和内含多种而不统一的构成方式。

1 2 3 4 5
6 7 8 9 10
100 1000 10000

甲骨文数字

在古代各文明发达的民族中，古希腊、埃及人和罗马人的记数法也是十进制，但不是位值制，每个较高的单位都用特殊的符号。巴比伦的楔形数字记数法是位值制，但不是十进制而是六十进制。这些记数法不但记数不便，而且用来计算更是费时费力。

命数法的目的不仅在于寻求简明的计数法,远比这个重要的是:这种数制是否适用于算术运算以及它能对计算提供什么方便。欧洲古代记数法的演变,最后表现为古希腊的记数法和罗马的记数法,但两者都不能创造出一种普通人所能应用的算术来。

十进位值制被马克思称为“人类最美妙的发明之一”,十进位值制对数学甚至整个人类社会的重大影响是毋庸置疑的。十进位值制是中国首先使用的。这一记数系统大约在8世纪传到巴格达(伊拉克首都),又在11—12世纪经意大利和西班牙传入欧洲。至今已成为世界各国通用的记数制。

1.5 基数与序数

用现代数学语言来说,表示有限集合元素的个数,或表示一般事物多少的数叫基数。表示有序集合的元素的次序(第几个)的数叫做序数。我们说,自然数具有双重意义:一方面是表示数量的意义,即回答“多少个”的问题;另一方面是表示次序上的意义,即回答“第几个”的问题。基数仅反映了自然数在数量上的意义,没有很好地揭示自然数在顺序上的意义,也没有给出自然数四则运算的具体方法。早期,人类通过模范集合(例如,手指头),依据对应原则抽象出了数的概念,这里的数是指基数,并不包括运算。也就是说,基数是杂乱无章地排列着,还不能创造出一种算术。但是,若将前几个数字按照有顺序的次第记住,再制定一个语音系统,使得能从任何一个较大的数读出它的后继数,那么序数制就出来了。

序数一旦有了,计数某一集合的事物,就等于将集合中每个成员分别和有顺序的、次第的、自然序列中的一项相对应,一直到整个集合对应完毕为止。对应于集合中的最后一个成员的自然序列的项,就称为这个集合的基数。这样要决定一个集合中事物的多寡即它的基数,就不用再找一个模范集合来做匹配了,只需将它加以计数就成了。数学的发展实在应归功于我们知道了数的这两个方面的统一性。在实用上,我们虽然觉得基数很有用,但是它不能创造出算术来,算术的运用就是依据我们总可以由一个数(shù)数(shǔ)到它的后继数这一默认的假定出发的,而这个假定就是序数概念的本质。我们之所以可以将3和5加起来,就是利用了自然数在这两方面的统一性。

欧洲由于命数法的问题,在自然数的运算方面十分欠缺。并非欧洲没有人研究数的运算法则,只是当时的记数法太复杂了,只要看一下当时一般人对于计算的敬畏感,就可以知晓这些法则是何等的困难。那时精于此道的人常被认为有着天赋异禀,算术被认为是专家们的事,非“凡夫俗子”所为。这就可以解释为什么在古代欧洲算术是僧侣们勤奋研究的东西。时至今日,连儿童也会做简单的算术运算,算术已成为一般人都能学会的东西了。然而欧洲在17世纪以前,算术依旧没有什么进步。有一个关于15世纪德国商人的故事，虽然我们不能证明确有其事，可是它把当时的情形表现得十分真切。据说这位商人有一个儿子，他想使儿子受一些高深的商业教育，于是，他去求教一位大学里的名教授，该把儿子送到哪儿去念书。教授回答说：如果这位青年的数学课程将只限于加和减，他可以到国内大学学习；至于乘和除的学问，还是意大利最先进。他认为，只有到那里去才能得到那种高等教育。由此足见当时欧洲的算术水平。这也可以解释为什么欧洲文明在15世纪之前发展缓慢。故当时在自然数的四则运算方面有突出成就的当首推中国。虽然印度在个别地方也与中国不相上下，但总的来说不及中国。

1.6 正负数

1.6.1 正负数概念的来源

魏晋时期的著名数学家刘徽是中国第一代知名数学家，也是中国古代数学理论的奠基者，由于生前没有显赫的社会地位，所以名不见经传。据现有资料，刘徽的身世履历、生卒年代均无可详考。只知他生活于魏晋间，有人认为他是山东人。刘徽于公元263年注《九章算术》并附图，他自撰自注的第十卷“重差”自南北朝之后以《海岛算经》列为单行本，刘徽注释的前九卷仍与《九章算术》合为一体行世。今天，附图及《海岛算经》刘徽自注已失传。

刘徽

刘徽在《九章算术》注中说：“今两算（筹）得失相反，要令正负以名之。正算赤，负算黑。否则以邪正为异。”[①]这就十分明确地给出了正负数的定义和记法：当表示两个相反的量时，便定义了正负数，若一个称为正数，则另一个就称为负数；正数用红色表示，负数用黑色表示，或正数放正，负数斜放。

我国古代用算筹记数和计算。刘徽所说的“算”就是指算筹，它是长短、粗细相近的小木棒或小竹棒，也有兽骨、象牙、金属等材料制成的，约长12厘米、粗0.2厘米，放在一个布袋里（称为算袋），平时系在腰部随身携带。需要时就把它们拿出来，放在地上、毡毯上或其他平整的地方进行计算或记数。

---

① 沈康身. 九章算术导读[M]. 武汉：湖北教育出版社，1997.

出土的象牙算筹

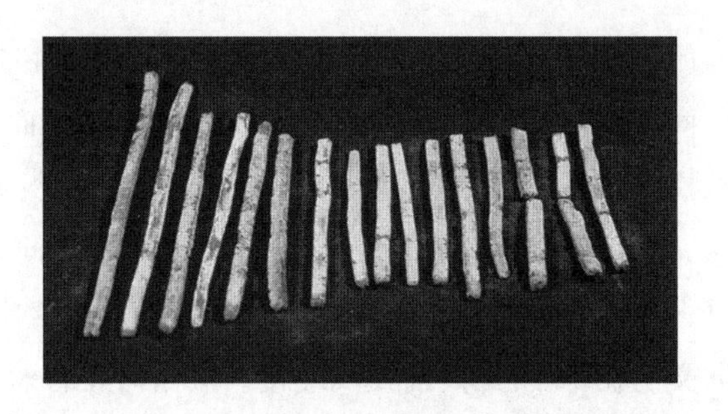

出土的铁算筹

在人类历史上,刘徽的表述最早给出了正负数的定义和记法。中国人创造的表示正负数的方法,显示了中华民族的智慧:用红色算筹表示正数,黑色表示负数;或用正放的算筹表示正数,斜放的算筹表示负数。有时听到某某国家经济出现“赤字”,表示这个国家支出大于收入,财政上亏了钱。这种表示数的方法正是来源于用不同颜色表示正负数的做法。

国外最早承认负数的是7世纪印度数学家婆罗摩笈多(约589—660)。欧洲直到17世纪才承认负数是真正的数。当时的主要障碍在于人们无法理解什么东西会比没有(零)还要小。

1629年,荷兰数学家吉拉德在《代数新发现》中,旗帜鲜明地承认负数,第一次用减号“−”表示负数,并逐步得到认可。中国人直到1893年,在美国传教士潘慎文与绍兴人谢洪赉合译的《代形合参》中,首次采用“−”表示负数,也用“+”表示正数,沿用至今。

1.6.2 算筹与算盘

我国古代用算筹(小竹棍或小木棍)表示数。算筹记数有纵横两种形式。

	1	2	3	4	5	6	7	8	9
纵式	𝍠	𝍡	𝍢	𝍣	𝍤	𝍥	𝍦	𝍧	𝍨
横式	𝍩	𝍪	𝍫	𝍬	𝍭	𝍮	𝍯	𝍰	𝍱

算筹的纵横两种形式

《孙子算经》中详细记载了算筹记数的方法:“凡算之法,先识其位。一纵十横,百立千僵,千十相望,万百相当。……六不积,五不只。”前二句说明数位在记数中的重要意义,后四句告诉我们自然数记法的规则:个位数用纵式,十位数用横式,百位数用纵式,千位数用横式,依次类推,交替使用纵横两式。为方便和不至于引起错误,则不允许并排六根算筹记六,也不允许单独用一根算,以一记五。这样以算筹为工具,用十进位值制就可表示自然数。

其次,算筹无零的记号,用空位表示零,即某位缺数,不放算筹,由于每位数记法相间纵横有别，空位是易于辨认的。若零较多，则需通过定位来解决。

中国古代数学家使用了当时世界最先进的计算工具算筹，使中国的计算技术处于遥遥领先地位，创造出杰出的数学成果。祖冲之(429—500)就是用算筹计算出圆周率在 3.1415926 和 3.1415927 之间。要得到这个值，需要对这类多位数进行包括开方在内的各种运算 130 次以上[①]。就是今天我们用笔算也是很困难的。祖冲之居然借助算筹把它算出来了。

祖冲之雕像

另外，像高次方程的数值解，方程中的天元术和四元术，中国剩余定理，精密的天文历法等世界领先的成果，都是借算筹这一工具取得的[②]。至迟在春秋时期，中国的乘法“九九”口诀就已很流行了，此后又制定了许多运算程序和解方程(组)程序，使中国传统数学颇具机械化和算法化的特征。至唐代中叶，经济的快速发展推动着数学的发展，特别是要求提高计算速度，于是推动了算法的进步，乘除简捷算法便以歌诀形式产生了。

算法语言的飞速发展，使硬件筹棍的缺点日益显露出来，念歌诀布算时，往往得于心而不能得于手。算筹不仅携带不方便，而且计算量大时占地面积太大，据载“算子约百余，布地长几丈”。虽然算筹逐步由长变短、由圆变方，但这些点点滴滴的改良，并不能适应算法语言的进步和解决使用方便、少出差错的问题。于是，算筹被方便的珠算盘取代了。

中国的珠算盘

所以，中国的珠算是由筹算发展而来的，两者的记数法和计算法是一脉相承的。在筹算数字(横式)和珠算中，都是上面一根(个)当五、下面一根(个)当一。由于算筹在乘除中出现某位数字等于十或多于十的情形，所以珠算盘采用上面两个珠下面五个珠的形式。

中国的珠算盘起源何时，目前尚无定论。有元末明初说、宋代说、汉代说，近年来又有唐代说，意见颇不一致。我们说，珠算的出现不是一下子就很完善的，它有一个过程，在很长一段时间内，珠算和筹算是共存并相互竞争的，最终在元明时期珠算取代了筹算。到了明代，程大位(1533—1606)的《直指算法统宗》(1592)对珠算算法和珠算理论作了系统总结。

---

①② 戴曙明. 电脑起源(上)[J]. 自然辩证法通讯，1979(2)：40-52.

珠算盘是中国人独特的创造，它是一种彻底采用十进位值制的先进的计算工具。它轻巧灵活，携带方便，流传极为广泛。古代罗马人也曾制作过一种算盘，它是用金属作盘，在金属盘中挖槽，其中放石子，相当笨重，而且还不是十进制。在中世纪，世界各国的计算工具中，唯独中国的珠算盘能惠及民生，促进了中国经济的发展，远传日本、朝鲜等国，在世界文明的发展中发挥了重要作用，以至于今天在中国和某些亚洲国家仍在使用算盘。

在古代中国、阿拉伯和印度，计算数学一直处于领先地位，尤其是中国，把与数学有关的内容统称为算学，围绕计算这个中心，使中国数学关于问题的解法深具程序化和算法化的特色。后来中国的商人、学者、使节把我国的数学知识、计算方法和计算工具传到欧洲，并促进了17世纪欧洲数学的发展。

欧洲由于采用了印度记数法，发明了小数和对数，计算技术迅速发展。与此相适应，各种计算工具也相继出现。早在1617年，纳皮尔（1550—1617）就以格子乘法为基础制成骨筹乘法器，使用了约100年。1620年，甘特（1581—1626）在伦敦发明了计算尺。1630年，欧洲又出现了圆盘式计算尺。

1623年，德国制成了第一部机械计算器，其机器由加法机构、乘法机构和一个记录中间结果机构组成。可惜，它被长期埋没，到1958年才被人们发现。第一部实用的齿轮式计算机是1642年由法国的帕斯卡（1623—1662）制成的，莱布尼兹（1646—1716）等人又进行了改进。此后，各式各样的计算机便像雨后春笋般被创造出来。

帕斯卡

莱布尼兹

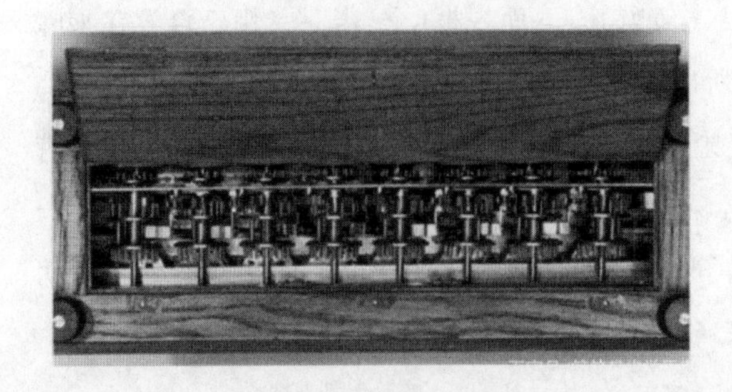

帕斯卡的手摇加法计算器

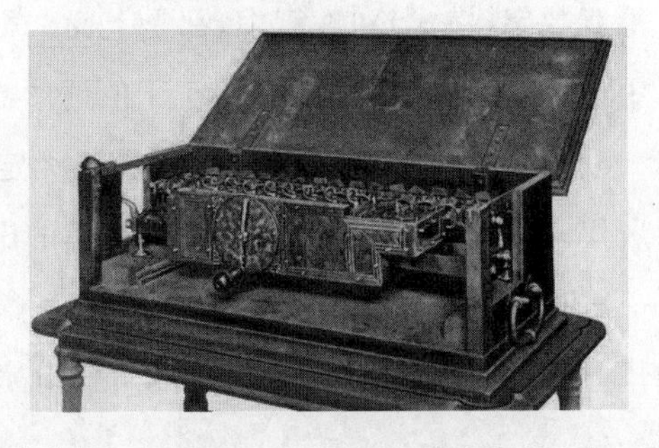

莱布尼兹的乘法计数器

1.7 分数

1.7.1 分数的实践意义与数学意义

把单位“1”平均分成若干份，表示这样的一份或几份的数就叫分数。正是因为正分数是小于1的，所以当一个分数的分子大于分母时，就称为假分数。若分数前面还带有一个整数时，就称为带分数。

在中国的分数理论成熟之前，国外分数的发展很慢。巴比伦的六十进制分数、埃及的单位分数都没有形成理论。在古希腊，由于将数和量（依赖几何而存在的数）严格区分，使用数过于小心谨慎，故分数理论的发展是不完善的。丢番图（约246—300）是古希腊正视分数的第一人，但没有产生多大影响。因此，希腊人没能对分数理论做出什么贡献。印度人直到公元8世纪才提出了分数的有关理论，而且他们在诸多方面与中国是十分相似的，这是否继承于中国，还有待考证。总的来说，最先建立起现代意义下的分数概念及其运算方法的是中国。

分数自然概念来源于连续量的分割。分数的拉丁文是fraction，它源于frangere，是分割、断裂的意思。分数的法文意为折断的数。中世纪的俄文和英文则称分数为破碎的数。在汉文中，分数的分割意义则更明显。据郭沫若（1892—1978）《甲骨文字的研究·释五十》：“八者别也，分也。”即殷商甲骨文中的“八”字为“分”之意。《说文·八部》称：“分，别也。从八从刀，刀以分别物也。”把“分”的意义说得更明确。

分的甲骨文　　分的金文　　分的大篆　　分的小篆

自殷商至战国出现了许多古汉字的数词如半、参，作为细分所得的更小度量单位。但此时，即使把它们看作分数，在量的度量意义上，它仍然是当作一整体来看待的。至迟在战国末期，分数概念便有了新的发展。如睡虎地秦墓竹简中出现了大量分数：十分之一、三分取一等。其意义已不再是“度量单位的细分”，而是指物之量几等分后，取其多少份，这已与我们今天日常生活中的理解相一致了。

分数的数学概念来源于自然数的除法。《九章算术》方田章中的合分术称：“实如法而一。不满法者，以法命之。”这里“实”和“法”分别指被除数和除数，即被除数除以除数，如果不能除尽,便定义了一个分数。

在中国古代数学家看来,分数是为了使除法得以普遍施行而引进的新数,除与乘具有互逆关系,正如刘徽所说:“譬犹以三除十,以其余分三分之一,而复其数可举。”《张丘建算经》又称:“上实有余为分子,下法从而为分母,可约者约以命之,不可约者因以名之。通分而母入者,出之则定。”张丘建(约 5 世纪)不仅认为分数产生于整数的除法,是整数的自然发展与扩充,其表示形式为分子在上,分母在下;而且他还认为运算结果应化为分子、分母无公因子的形式,若分子大于分母应将假分数化为带分数。这就提出了最简分数的定义与要求。

整数和分数就构成了有理数,所有的有理数都可以用分数即两个整数的商表示(整数的分母为 1),由于商在英语中为 quotient,所以有理数的集合便取其第一个字母记为 Q。今天用分数线(横线)表示分数的方法,源于 9 世纪阿拉伯数学家花拉子模。

我们的教科书中,数的扩充方法是添加元素或引入新的符号,以扩充数的范围,使在原有范围内适用的定律在较大范围内依然成立,这是数学中扩充原理的一个方面的特征,与数的交错发展是不同的。自然数扩充为有理数,同时满足理论上和实践上的要求,在理论上它取消了减法和除法的限制,在实践上它用于表示测量的结果。有理数同时满足这两方面的需要,乃是有理数真正的意义。

从几何上讲,取定一条规定了正方向的直线,截取从 0 到 1 的线段作单位长,并可任意选定,于是正整数和负整数可以用数轴上的一组等间距的点来表示,正整数位于点的右方,负整数位于左方,为了表示分母为 n 的分数,我们将每个单位长的线段划分为 n 个相等部分;于是用分点表示分母为 n 的分数,如果对于每个整数 n,我们都这样做了,那么所有的有理数便可用数轴上的点来表示,我们称这些点为有理点,并且术语“有理数”与“有理点”将互相通用。

于是,自然数的大小关系在数轴上便有了模拟表示,并易于发现下列事实:有理数在直线上是稠密的,即无论多么小的区间中总存在有理点。

1.7.1 有理数名称的由来

整数与分数统称为有理数。有理数的英文是“rational number”,“有理的”译自英语单词“rational”,这个词为“理性的”之意,其词根是“ratio”有“比,比率”之意。徐光启和利玛窦合译《几何原本》卷五称:“比例者,两几何以几何相比之理。”又称“两比例之理相似,为同理之比例。”“两几何相比,谓之比例。两比例相比,谓之同理之比例。”可见,徐光启所说的“理”是指“比值”。李善兰(1811—1882)翻译《几何原本》卷 10 时,又将有理数译为“有比例”(今天译为可公度),将无理数译为“无比例”(今天译为不可公度)。那么,为什么徐光启译《几何原本》时,将该词译为“理”或“有理”,以至于今天把形如两个整数的比的数称为有理数呢?

原先,毕达哥拉斯(约公元前580—前500)的哲学信条是“万物皆数(整数或整数比)”,但自从发现形如$\sqrt{2}$这样的数,无法表示成整数或整数比之后,导致了人类历史上的第一次数学危机。从此,古希腊人对待数就非常谨慎,并认为数是不可靠的,而形是可靠的。他们就依赖“形”(他们称之为“量”)来处理“数”,并认为“数”离开“形”就没有意义。于是,就有了欧几里得在《几何原本》中的表达:用几何量的比来表示数,也就有了徐光启的上述翻译。“理”可能是“ratio”前两个字母“ra”的音译。由于“irrational”本意是“无理性的”“不合理的”“荒谬的”,所以把“irrational number”译为“无理数”也就易于理解了,对应的“rational number”译为“有理数”,与“无理数”对应,也与“ra”谐音就很自然了。

1.8 无理数

无限不循环小数称为无理数,它是不能写作两整数之比的数。无理数的存在,无论在古代的希腊还是中国,都已被证实了。不过,古希腊人是从线段不可公度的几何角度来窥探它的;中国则是从开方不尽的计算过程来认识它的。一个着眼于几何的“量”,一个倚重于运算的“数”。因而在处理方法上也不同,一个是用逻辑的方法来论证它的结论;一个是用计算的手段来建立它的法则。

在《九章算术》开平方术中,将开方不尽数称为“以面命之”:

“开方术曰:置积为实。借一算步之,超一等。议所得,以一乘所借一算为法,而以除。除已,倍法为定法。其复除,折法而下。复置借算,步之如初,以复议一乘之,所得,副以加定法,以除。以所得副从定法。复除折下如前。若开之不尽者为之不可开,当以面命之。若实有分者,通分内子为定实,乃开之。讫,开其母,报除。若母不可开者,又以母乘定实,乃开之,讫,令如母而一。”

这里的“命”就是命名,即用正方形的“面”(边长)来定义无理数。对开立方也一样。在实用上,中国数学家认为可“加定法如前,求其微数”,即可以继续退位开方,求其整数之下的“微数”(小数),用十进小数来表示无理数。在刘徽的注中我们可以看到,刘徽可能已认识到开方不尽数是不能用十进小数的有限形式来表示的,但可用十进小数来无限逼近,退至相当位以后,舍弃之数便可忽略不计了。

求微数法即退位开方法,是中国古代开方术计算程序的继续。一方面它是开方术的自然发展;另一方面它与中国古代的度量制度是一脉相承的。在理论上,它较明确地揭示了无理数的本质;在实用上,它可以满足更为精确、更为广泛的实际测量。

约公元前585年到前500年是古希腊毕达哥拉斯学派的全盛时期,该学派的几何基础是:“点是位置的单位元素。”这里包含了一种质朴的观念:线是由原子次第连接而成的，就像项链由一串珠子组成一样。原子也许非常之小，但都质地相同，大小一样，它们可以作为度量的最后单位。因此，任意取两个线段，它们的长度之比不过是各段所含的原子数目之比而已。任何三角形，特别是直角三角形的各边的情形自然也是如此。毕达哥拉斯学派从埃及输入了“黄金三角形”，它的各边之比是 3 ∶ 4 ∶ 5，此后不久，又发现了其他的直角三角形各边之比，如 5 ∶ 12 ∶ 13 和 8 ∶ 15 ∶ 17 等。这样，他们就认为一切三角形都是有理的（即都可以表示成整数比），这种信念看来越发证明有据了。

毕达哥拉斯

对这种三角形的研究导出了一个重大发现，在西方称为毕达哥拉斯定理。这一定理的发现，一方面他们看到几何和算术的固有联系，又证实了他们的格言“万物皆数”（整数或整数比）；另一方面直接导致了意想不到的结果：正方形的对角线是不可能用边来度量的（即不可公度）。这就动摇了古希腊数学的基础，由此产生了数学史上的第一次数学危机。

不可公度量因此得到了一个不公平的诨号“阿洛贡”（Alogon），即“不可说”。他们立誓不泄漏此数存在的秘密。但时间过去不到一百年，毕达哥拉斯的秘密已成为一切有思想的人的共同财富。这一发现，第一次向人们揭示了有理数的缺陷，证明它不能同连续的无限直线等量齐观。它告诉人们，有理数并没有铺满数轴，在数轴上存在着不为有理数的“空隙”。虽然我们似乎“看”不出它的存在，但是经后人的证明，这种“空隙”简直多得“不可胜数”，它比有理数多很多，以至于有理数的个数与无理数的个数相比可以忽略不计！

自毕达哥拉斯之后，古希腊数学家对无理数一直努力试图躲避之。在度过了黑暗的中世纪以后，至 1500 年左右，无理数才渐渐被人们使用，但对于无理数是否是真实的数仍不能确定。

德国数学家斯蒂菲尔（1487—1567）在《综合算术》（1544）中讨论了用十进小数的记号来表达无理数的问题，他认为无理数是有用但又是捉摸不定的东西，不能算作真正的数。一个世纪以后，帕斯卡和巴罗（1630—1677，牛顿的老师）仍认为，像这样的数只是个记号，也只能从几何上去理解，脱离几何量便不存在。而对无理数进行运算，要以欧多克斯(公元前 404—前 355)的关于量的理论来作逻辑依据。直到 1707 年,牛顿(1643—1727)在他的《普遍的算术》中也坚持这一观点。当然,也有些人像哈里奥特(1560—1621)、沃利斯(1616—1703)、斯台文(1548—1620)、笛卡儿(1596—1650)等承认无理数是独立存在的东西,是地地道道的数。

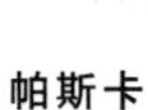
帕斯卡

巴罗

但从宏观上来说,整个欧洲在 1800 年以前,数学所走的道路实际上是完全依据几何来严格处理连续量的,根本没有无理量的理论基础,这也正是初期的微积分建立在几何基础之上的原因。到了 19 世纪,数学家在为微积分奠定基础的时候,由康托尔(1845—1918)和戴德金(1831—1916)等人建立了实数理论,特别是 1872 年戴德金给出了戴德金分割(也称为戴德金原理),即有理数全体的集合 Q 的真子集 A_1,A_2 的序对(A_1,A_2),当满足下列条件时称为 Q 的一个分割:

(1)$A_1 \neq \phi$,$A_2 \neq \phi$,且 $A_1 \cup A_2 = Q$;

(2)若 $a_1 \in A_1$,$a_2 \in A_2$,则 $a_1 < a_2$。

戴德金利用他提出的分割理论,从对有理数集的分割精确地给出了实数的定义,从而无理数的地位才得到确立。

有理数和无理数统称为实数。实数的英文为 real number,取其第一个字母记为 R,便记为实数集。

康托尔

戴德金

1.9 十进小数

小数包括纯小数(整数部分是零的小数)和带小数(整数部分不是零的小数),它是实数的一种表现形式,用分界号(小数点)把小数分为整数部分和小数部分,当每相邻两个计数单位之间的进率是10时,就称为十进制小数。

十进小数的出现使十进位值制记数法从整数扩展到了分数,进而使分数与整数在形式上得到了统一,这是数学史上的一件大事,它为算术运算的顺利进行打下了基础。美国数学史家卡约利(1859—1930)就曾认为十进小数是近代数学史上关于计算基础方面的三大发明之一。

十进小数的产生必须有两个条件:一是十进制记数法的使用;二是分数概念的完善。中国自殷商甲骨时代起就采用十进制,至迟在公元前4—5世纪就已建立了分数概念并广泛应用,迄《九章算术》成书时代已臻完善。正是由于上述前提,数学家刘徽在《九章算术》少广章第16题开方术注中,明确提出了十进小数的概念,称为“微数”,就目前所知,这在世界上尚属首次:

“术或有以借算加定法而命分者,虽粗相近,不可用也。不以面命之,加定法如前,求其微数。微数无名者以为分子,其一退以十为母,其再退以百为母。退之弥下,其分弥细,则朱幂虽有所弃之数,不足言之也。”

中国古代也称小数为“奇零”“余数”“尾数”“省数”,都一律用表示分、厘、毫等长度的名称依次去称呼小数的各位数。到南宋时期,已经称这样的数为“小数”。例如南宋秦九韶在《数书九章》(1247)中称“小数之类:一以下,有分、厘、毫、丝、忽、微、尖、沙、渺、莽、轻、清、烟。”

秦九韶

元代朱世杰(1249—1314)在《算学启蒙》(1299)中也讲到:“小数之类:一,分、厘、毫、丝、忽、微、纤、纱。”秦九韶有时也称小数为“收数”,还给出定义:“收数,谓尾见分厘者。”之所以称这样的数为“小数”,应该是取“比一小的数”之意。

由于欧洲人使用十进位值制数较迟,十进小数的产生也就比中国晚得多。直到1584年,荷兰布鲁日(Bruges,今在比利时境内)的工程师斯台文(1548—1620)用佛来米语(Flemish)和法语出版了一本利息表,这启发他对于十进小数的研究。1585年斯台文又出版了一本仅有七页的小册子,名为《数学简论》,其中详细阐明了十进小数的理论,并把它推广到算术运算之上。但斯台文的小

斯台文

数记法并不高明，如 37.675，他写成 376①7②5③，这种表示法使小数形式复杂化，而且给小数运算带来很大的不便。

1592 年，瑞士数学家布尔吉(1552—1632)对十进小数作了很大改进。他用一空心小圆圈把整数部分和小数部分分开，如他把 36.548 表示为 36。548，这已与现代表示法十分接近，运算起来已很方便。

1593 年，德国的克拉维斯(1537—1612)首先用黑点代替小圆圈表示小数点，从此确定了现代小数的记法。

1617 年，对数的发明者英国的纳皮尔提出用“，”作分界记号，这种做法后来在德、法、俄等国广泛流传。至今，小数点的使用仍分为两派，以德、法、俄为代表的大陆派用逗号，以英国为代表的岛国派(包括美国)用小黑点，而将逗号作分节号。如 π 的数值，大陆派的写法是 3,141592653…，岛国派的写法是 3.141,592,653,…。

纳皮尔

1582 年，意大利传教士利玛窦来到中国，带来一部笔算著作，这是他的老师克拉维斯编的《实用算术概念》，利玛窦与中国的李之藻参考《算法统宗》进行了编译，其中所译《前编》二卷讲述了十进小数的算术四则运算，这对中国十进小数的记法产生了很大的影响。

利玛窦

至清代，由康熙(1654—1722)皇帝“御定”的《数理精蕴》(1721)中首次在中国出现了小数点，但与现代小数点的记法还有一定的区别，如 345.67 记作三四五·六七。一方面小数点在整数的右上角，另一方面采用中国数码字。这种记法没有被普遍采用，在很长一段时间内，中国关于小数的记法还很杂乱。19 世纪初，数学书籍中出现了小数点位置与今相同的记法，但仍采用中国数码字。直到 19 世纪末 20 世纪初中国才逐步采用印度—阿拉伯数字书写，从此十进小数的记法才成为今天的形式。

一提到十进小数，西方数学史家往往把它归功于斯台文，这未免有些偏颇。由于西方数学精于逻辑，而不擅于计算，尤其十进位值制出现较迟，故十进小数概念的提出也就较晚。又由于西方长于笔算，今天十进小数的笔算系统记法则是由西方首先发明的。中国数学主要是筹算和珠算，笔算法是从西方传入的，故十进小数的记法不是自己形成的完整理论，而是继承于西方。因此，在十进小数问题上，我们应该历史地辩证看待，不能执其一端，抹杀了任何一方的功绩：提出十进小数概念的首推中国的刘徽；发明十进小数记法，给出十进小数

《数理精蕴》

系统理论的应是较晚些时候荷兰的斯台文，这种十进小数的记法是经过长时间的实践才得以完善的。

1.10 复数

我们把形如 $z=a+b\mathrm{i}$(a,b 均为实数)的数称为复数，其中 a 称为实部，b 称为虚部，i 称为虚数单位，$\mathrm{i}^2=-1$。当 z 的虚部等于零时，z 为实数；当 z 的虚部不等于零而实部等于零时，z 为纯虚数。

早在 12 世纪，印度的婆什迦罗(1114—1185)就明确提出：“正数的平方以及负数的平方都是正的。正数的平方根为二重，一正一负；负数没有平方根，因为负数不是平方数。”[1]就是说要解答代数的一切方程，实数是不够用的，要证明这一点不必做出什么十分复杂的高次方程，只需考虑方程 $x^2+1=0$ 即可。正是如此，印度数学家放弃了 $\sqrt{-1}$。虽然印度十分擅长代数，但是复数却最终没有在印度扎根。阿拉伯也克制了 $\sqrt{-1}$ 的诱惑，将它拒之于数学大门之外。中国数学独成一体，以计算为中心的实用特色，使他们热衷于求开平方、开立方以及高次方程的数值解正根，而不是方程的一般求解公式及全部解。故中国古代数学家也没有认识到复数。最后，复数只有在欧洲开花结果了。

卡丹

1545 年，意大利数学家卡丹(1501—1576)在《大术》中解这样的问题：两个数的和是 10，积是 40，求这两个数。

用现代符号表示，相当于解方程 $x(10-x)=40$，即 $x^2-10x+40=0$，卡丹发现，如果把 10 分成 $5+\sqrt{-15}$ 和 $5-\sqrt{-15}$，那么不管这两个数学式子代表的是什么，结果却是对的，负数的平方根究竟是不是“数”，卡丹有些为难。如果承认它是数，却不知道其意义是什么？如果不承认它是数，按数的法则计算时，它却能得出正确的结果，真是捉摸不

① 韩祥临. 数学与人类文明[M]. 杭州：浙江大学出版社，2017.

透。于是,卡丹称它为“虚构的”“诡辩的”量。后来,笛卡儿在遇到这样的数时,造出了“虚数”这个词。

邦别里

有趣的是,不是一元二次方程而是一元三次方程,才使人们把这种神秘的东西当作名正言顺的数来使用。16 世纪,最壮观的数学成就是意大利数学家发现的三次方程和四次方程的求根公式。1572 年,也就是卡丹去世前几年,邦别里(1526—1573)出版了一本代数学著作,对三次方程的解法做出了重大贡献,他认识到三次方程要么有一个实根,要么有三个实根。当有一个实根时,可用卡丹公式解,但有三个实根时,这一公式就失效了,因为此时进入公式的方根代表虚数。邦别里以三次方程 $x^3=15x+4$ 为例,该方程的三个实根为 4,$-2+\sqrt{3}$,$-2-\sqrt{3}$,然而若用卡丹公式,就会得出一个纯粹虚幻的结果:$x=\sqrt[3]{2+\sqrt{-121}}+\sqrt[3]{2-\sqrt{-121}}$,邦别里猜测,也许这两个方根表示的是 $p+\sqrt{-q}$ 和 $p-\sqrt{-q}$($q>0$)式子。如果真是这样,而且如果这些实体可以按普通的规则进行运算,则这两个“虚”量的和,也许可以得出一个实数,甚至也许就是这个方程的真实的根之一(邦别里知道这个根是 4),我们且看邦别里自己的话:

“在许多人看来,这是一个怪想法,我自己好久以来也作如是想。整个事情都像是基于诡辩而不是基于真理。然而,我经过长期的研究,最后确实证明它是真的。”

这些“虚”量,作为实体似乎是不可能的,然而并不是全无用处,因为它们可以用来作为解决实数问题的工具。于是,邦别里为他的成功而鼓舞,进而着手建立关于这种复杂实体的运算规律。邦别里实际上已得出了我们今日所学的一切演算规则,只是形式不同而已。用现代的眼光来看,邦别里已创造出了复数域。经过达朗贝尔(1717—1783)、棣莫弗(1667—1754)、欧拉(1707—1783)、高斯(1777—1855)等人的努力,复数逐步揭开了它神秘的面纱,显示了真实的面目,最终成为数系中的一员,被数学家所接受。

人们自然会问,添上复数之后是否足以解决代数的基本问题,即求出最一般的方程的一个根呢?

在 17 世纪,人们知道四次以下的方程的求解方法,并且知道实系数的代数方程的虚根是成对出现的。英国的哈里奥特提出一个巧妙的主意,将方程化作一个多项式,使它等于零。由此得出因式定理:若是代数方程的一个根,则必为其相应多项式的一个因式。进而可得出结论:若能证明每个方程有一个根,或是实的或是虚的,那么方程的根的个数就恰等于它的次数(重根按重数计算)。

1747 年,法国数学家达朗贝尔发现:复数四则运算的结果总是复数,即具有 $a+b\mathrm{i}$ 的形式(a、b 都是实数)。1722 年,法国数学家棣莫弗发现了著名的棣莫弗定理:设复数 z_1

$=r_1(\cos\theta_1+\mathrm{i}\sin\theta_1)$，$z_2=r_2(\cos\theta_2+\mathrm{i}\sin\theta_2)$，则 $z_1z_2=r_1r_2[\cos(\theta_1+\theta_2)+\mathrm{i}\sin(\theta_1+\theta_2)]$。1748 年，欧拉发现了有名的关系式：$\mathrm{e}^{ix}=\cos x+\mathrm{i}\sin x$，这样棣莫弗定理就可以简化为 $z_1z_2=r_1r_2\mathrm{e}^{\mathrm{i}(\theta_1+\theta_2)}$，并且可以推广到 n 个复数相乘的形式。1777 年，欧拉在《微分公式》中第一次用 i 来表示−1 的平方根，首创了用符号 i(英文 imaginary 的首字母)作为虚数的单位。

1685 年，约翰・沃利斯提出复数可看作平面上的一点，可惜没有得到重视。

达朗贝尔

棣莫佛

17 世纪初，数学家猜想，凡是对于前四次方程为真的东西对于一般方程也必为真；到了 18 世纪中叶，法国数学家达朗贝尔把它整理成一个命题(代数基本定理)：每一个代数方程至少有一个根，实数的或虚数的。但他还不能够把这个命题加以严格的证明。1799 年，高斯在他的博士论文中给出了这一定理的完整证明，不过，他所用的是分析学的原理，而不是纯粹代数的方法。同时，高斯创立了复平面，并给出了复数的几何解释：复数就是从原点出发的向量。

德国货币上的高斯头像

18 世纪末，挪威测量学家卡斯帕尔・韦塞尔(1745—1818)提出复数的新的几何解释：复数可看作平面上的一点，这样复数就与平面上的点建立了一一对应。数年后，高斯再次提出此观点并大力推广，于是复数渐渐被大多数人接受，从此复数的地位得以确立，复数的研究也不断深入。

1806 年，德国数学家阿甘得(1777—1855)更明确地公布了复数的图像表示法，认识到了复数与平面上点的对应关系，建立了“复平面”。后来，我们也把这个平面称为“阿甘得平面”。

高斯

1831 年，高斯用有序实数对代表复数，并建立了复数的某些运算，使得复数的某些运算代数化(但这一想法没有公布，影响不大)。1832 年，他给出了“复数”这个名词(清代，中国把形如 $a+bi$ 的数称为虚数(imaginary number)，李善兰与伟烈亚力合译的《代数学》(1859)一书最早出现“虚数”一词。科学名词审查会 1938 年编《算学名词汇编》中把 complex number 译为复数)，并将直角坐标法和极坐标法加以综合，统一于复数的代数形式和三角形式中，他把复数看作平面上的点或向量，利用复数与向量之间一一对应的关系，阐述了复数的几何加法与乘法运算法则，比较完整和系统地建立了复数的理论。

1837 年，英国数学家哈密尔顿(1805—1865)首先用实数的有序数对(a,b)来解释复数，以此建立了复数的四则运算法则，并以实数为基础建立了复数理论的逻辑基础。①

复数的发现是人类思想认识上的又一次大的突破和转折，也是人类包容性的体现。复数的数学表示，事实上是加不到上的，这只是历史的巧合，它们是完全不同的系列，就像一头牛加一只羊，无法相加一样。它只是一种形式，与我们过去经常使用的实数完全不同。

复数的地位确立之后，复数逐步显示其威力，反常积分、系统分析、信号分析、量子力学、相对论、流体力学等数学学科和自然科学都广泛应用复数，并得到了飞速发展。复数在科学发展和实际应用中发挥了极其重要的作用。我们熟知的飞机机翼上升问题、堤坝渗水问题等都有复数的身影。

自从数学家创造了复数以后，又创造了四元数、超复数等新数，并建立了相关的运算法则，使数学逐步脱离了对自然的依附，成为数学家的自由创造。

1.11 特殊的数

亲和数 两个数是亲和的，若每一个数是另一个数的真因子(除了它本身以外的全部正整数因子)的和。如毕达哥拉斯发现 284 和 220 是一对亲和数，因为 220 的真因子 1,2,4,5,10,11,20,22,44,55,110 和为 284；而 284 的真因子 1,2,4,71,142 和为 220。

① 中外数学史编写组.外国数学史简编[M].山东教育出版社,1987.

毕达哥拉斯

这一结果的确非常奇异，它似乎显示了无序中的有序，以致人们为之深深吸引。难怪古希腊的毕达哥拉斯学派对此是如此崇拜，给它增添了神秘的色彩和迷信的意思，认为分别写上这两个数的护符会使两数的佩带者保持良好的友谊。这种数在魔术、法术、占星学和卜卦上都起着重要作用。例如，在遥远的过去，人类的一些部落把 220 和 284 这两个数字奉若神明；男女青年结婚时，往往把这两个数字分别写在不同的标签上。若两个青年分别抽到了 220 和 284，便确定为终身伴侣；若抽不到这两个数，则只好分道扬镳。数字竟然能决定人的命运！

亲和数的发现引起了人们的极大兴趣，但找到它并不是件容易的事，直到 1637 年，费马(1601—1665)才给出第二对亲和数 17926 和 18416。1639 年，笛卡尔又给出第三对 9363548 和 9437056。1750 年，大数学家欧拉一人就找到了 60 对亲和数，其中最小的一对是 2620 和 2924。出人意料的是，100 多年后，意大利 16 岁的少年巴格尼于 1860 年找到了一对比欧拉的亲和数更小的一对亲和数 1184 和 1210。这就激起了人们寻找亲和数的极大兴趣。直到 1903 年，有人证明了最小的五对亲和数是：

220 和 284，1184 和 1210，2620 和 2924，5020 和 5564，6232 和 6368，

其中，后三对均由欧拉发现。迄今为止，人们已经找到了 1200 对亲和数，但人们发现它们要么两个都是偶数，要么两个都是奇数。但是否存在一奇一偶的亲和数呢？这个问题是欧拉提出来的，至今未能解决。

完全数 如果一个数等于其真因子的和，则称为完全数。毕达哥拉斯最早发现了完全数的这一性质。完全数是由一定数量关系所构成的和谐美。如 6(＝1＋2＋3)、28(＝1＋2＋4＋7＋14)、496 和 8128 都是完全数。公元前 300 年，欧几里得的《几何原本》第九卷最后一命题为：

欧拉

对正整数 n，若 2^n-1 是素数，则 $2^{n-1}(2^n-1)$ 是一个完全数。

由该公式给出的完全数都是偶数，后来欧拉曾证明：每一个偶完全数必定是这种形式。

但 n 当为何值时 2^n-1 是素数，这是数学界尚未解决的问题。今天，我们把形如 $M_n=2^n-1$ 的数称为梅森数，它是用法国数学家梅森的名字来命名的。梅森本人指出，当 n 为 2,3,5,7,11,19,31 时，为素数。1772 年，欧拉证明了 n 为 31 时为 $M_n=2^n-1$ 素数。此后，不断有人给出新的结果。2016 年 1 月 7 日，美国密苏里中央大学数学家柯蒂斯·库伯利用计算机发现了第 49 个梅森素数($2^{74207281}-1$)，该素数有 22338618 位。这是目前已知的最大的梅森素数。难怪笛卡尔颇有风趣地说：能找出的完

全数不会太多，好比在人类中找出完人一样，并非易事！

形数 毕达哥拉斯用平面上的点代表正整数，将这些点排成各种几何图形（形数），结合几何图形的性质来推出数的性质。形数是连接算术与几何的纽带，体现了一种数形结合的思想。

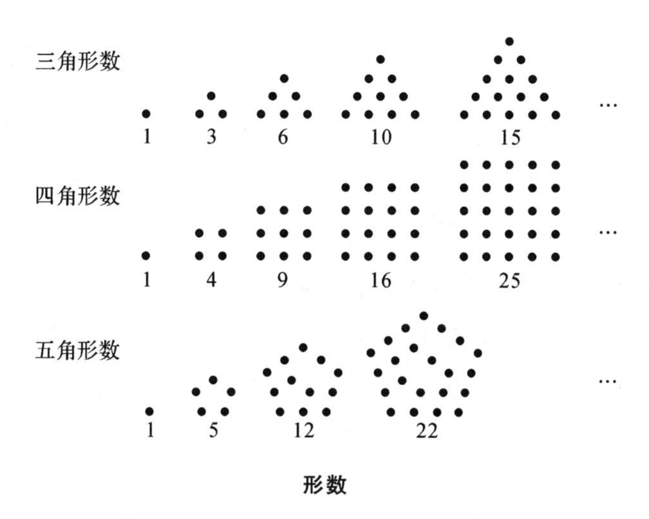

形数

例如，将一个三角形数（底边长为 n）倒立后，与原来的三角形数合并成一个平行四边形，其底边长为 $n+1$，另一边长为 n，从而该三角形数点的个数为 $n(n+1)/2$，而原来三角形数点的个数为 $1+2+\cdots+n$，从而有：$1+2+\cdots+n=n(n+1)/2$。

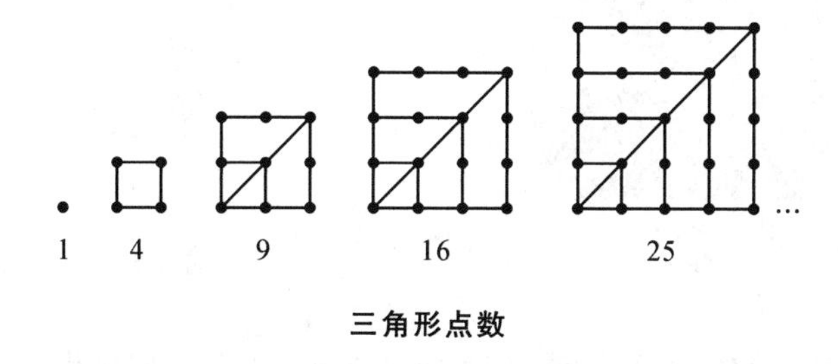

三角形点数

对四边形数（正方形数）每条折线上点的个数分别为 $1,3,5,\cdots,2n-1$，而整个正方形所含点的个数为 n^2，于是有 $1+3+5+\cdots+(2n-1)=n^2$。对于其他多边形数还有更精彩的结论。

早在公元 3 世纪，希腊数学家丢番图就曾猜测自然数可以表示为 4 个四角形数之和。但后来认识到，有些数可以例如 $5=1^2+2^2$，有些数不行例如 3。费马首先认识到素数都是 $4k+1$ 或 $4k+3$ 型的，他还发现了 $4k+1$ 型的素数都可以表示为 2 个四角形数之和。

1796 年 7 月 10 日，高斯在自己的日记中引用了当年阿基米德（公元前 287—前 212）发现浮力定律时说的话“尤里卡”（发现之意），来表达自己的兴奋之情，他发现了什么？

原来，他给出了“自然数可以表示为 3 个三角形数之和”的证明。

高斯

1770 年，英国数学家华林（1736—1798）推测：对于每个非 1 的正整数，皆存在正整数 $g(k)$，使得每个正整数都可以表示为 $g(k)$ 个 k 次方数之和。华林自己猜测 $g(2)=4$，$g(3)=9$，$g(4)=19$. 同年，法国数学家拉格朗日（1736—1813）证明了拉格朗日四平方和定理：自然数可以表示为 4 个四角形数（完全平方数）之和，指出 $g(2)=4$。1909 年德国数学家亚瑟·韦伊费列治（1884—1954）证明了 $g(3)=9$。1859 年，法国数学家刘维尔（1809—1882）证明了 $g(4)\leqslant 53$；英国数学家哈代（1877—1947）和李特尔伍德（1885—1977）又进一步得到 $g(4)\leqslant 21$，1986 年巴拉苏布拉玛尼安证明了 $g(4)=19$。1896 年马力特得到 $g(5)\leqslant 192$；1909 年，德国大数学家 D. 希尔伯特（1862—1943）用复杂的方法证明了 $s(k)$ 的存在性，首先解决了华林提出的这一猜想，其中用了含有 25 重积分的恒等式。1909 年韦伊费列治将结果改进为 $g=(5)\leqslant 59$。U. V. 林尼克于 1943 年给出了 $s(k)$ 存在性的另一个证明。1964 年陈景润（1933—1996）证明了 $g(5)=37$。

华林

陈景润

由于 $g(k)$ 的值严重依赖于正整数较小时的情况，所以人们提出了一个更强的问题：求对于每个充分大的正整数，可使它们分解为次方数的个数 $G(k)$。此问题进展较慢，至今 $G(3)$ 仍无法确定。

1.12 大数

交易员常把汇率的头几位称为大数；编程者把超过 32 位的二进制数称为大数；现实生活中人们也把命运注定的寿限称为大数；数学上把两个数中较大数称为大数。这里的大数是指数字大的数。由于计算能力的有限性，当遇到大数时，人类往往会出现估计错误或直觉错误，因此必须依靠精确的数学。

巴金生定律　20 世纪 60 年代，经济学家巴金生著《巴金生定律》，书中提到，英国一个大公司要投资大量的资金造核电站，仅用五分钟就讨论完了。同一批人讨论员工自行车停车棚，需花 1000 元左右，结果讨论了三个小时。

为什么会这样呢？因为每个人都知道 1000 元的价值和用法，而在大数面前，大家都心中没有概念，所以没有发言权！这其中包含了著名的巴金生定律：

若钱数越大，则用于讨论怎样去使用的时间越少。

googol　为了表示大数，美国数学家爱德华·卡斯纳(Edwar Kasner)于 1940 年在《数学与想象》中创造了 googol($=10^{100}$)，它等于一万亿亿亿亿亿亿亿亿亿亿亿(12 个亿)，这个大数被写入了词典。但人类无法估计这个数到底有多大，于是有人提出：把所有能用哈勃望远镜看到的行星的原子加在一起有多少？许多人认为，一个行星的原子个数就是个天文数字，所有能用哈勃望远镜看到的行星的原子加在一起大得不得了！事实上，这个数字还不到一个 googol 个！足见人们估计大数的能力十分有限。而 10^{googol} 是一个更大的数，即使把该数中的 0 缩成原子核大小，地球表面也铺不下这么多 0！

造数游戏　英国曾举办大数字网路比赛：用四则运算和指数运算以及符号 1,2,3,4,( ),·,−，创造出尽可能大的数。规则是每个数码只能用一次，其符号可重复用或不用。

这是一个有趣的智力游戏，吸引了许多人的参与。题目公布半小时后有人就给出答案：$4^3-12=52$。这显然不够大！随后，有人依次给出：

31^{42}(63 位)

$34^{21}=7.37986\times10^{200}$(201 位)

$(.1)^{-432}=1\times10^{432}$(433 位)

$(.1)^{-(4^{32})}=1\times10^{4^{32}}$，$4^{32}\approx1\times10^{19}$

可见，不同的组合其结果不同，虽然最后一个是很大的，但也没有 googol 大。

数沙子　阿基米德著有《论数沙》一书，其中提到地球上沙河里的沙子有多少粒？或许你认为，一把沙子就数不清，地球上沙河里的沙子数目应该很大，事实上，即使地球全部充满沙子，也不超过 10^{63} 粒！是不是很失望啊！

邮票上的阿基米德

豪言壮语 阿基米德发现杠杆定律后,发出豪言壮语:给我一个支点,我能撬起整个地球!阿基米德真能撬动地球吗?我们用精确的数学来算一算。地球质量 6×10^{27} 克,人体 6×10^{4} 克,力臂是重臂的 10^{23} 倍,举起 1 厘米需要走过 10^{21} 米,假若 1 秒走 1 米,需要 30 万亿年!

国际象棋 西萨·班·达依尔(Sissa Ben Dahir)发明了国际象棋,古印度国王要重重地奖赏他,问他要什么。达依尔开口说只要国王在棋盘上的第一个格子上放 1 粒麦子,第二个格子上放 2 粒,第三个格子上放 4 粒,……以此类推,直到放满第 64 格即可。国王慷慨地答应了达依尔的请求。然而后来却发现,全印度的麦子竟然连棋盘一半的格子数目都不够。因为麦粒数目实际上是个天文数字(2^{64-1}粒)。它大约等于 1.8×10^{19}。1 蒲式耳(35.2 升)有 5×10^{6}粒麦子。国王要给 4 万亿蒲式耳。这是当时全世界 2000 多年的麦子产量!

古印度国王赏麦粒

梵塔的故事 印度有一个古老的传说:在印度北部贝拿勒斯的圣庙里,有一块黄铜板上插着三根宝石针,其中一根针从下到上穿了由大到小共 64 片金片(称为梵塔)。规定一次只能移动一片,而且不管在哪根针上小片总是在大片上面。如果不论白天黑夜,总有一个僧侣移动这些金片,那么当所有的金片都从梵天穿好的那根针上(木桩 A)移到另外一根针上时,世界就将消灭,梵塔、庙宇和众生都将同归于尽。

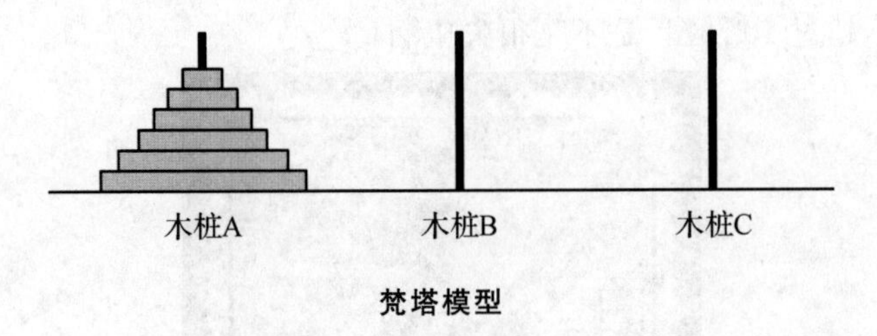

梵塔模型

可以看出:不管把哪一片移到另一根针上,移动的次数都要比移动上面一片增加一倍。这样,移动第 1 片只需 1 次,第 2 片需 2 次,第 3 片需 2^2,第 64 片需 2^{63} 次。全部次数为 $2^{64}-1=18446744073709551615$。假如每秒钟一次,大约共需要 5800 多亿年,这比地球的寿命还要长，因为太阳的能量只有100～150亿年！

一道折纸测验题 将一张纸片对折50次，它的厚度是多少？1998年12月13日，综艺大观出了这道题，许多观众摸不着头脑，就乱猜一气。事实上，假若能够一直对折的话，其厚度可达约 5×10^{10} 米！真是难以想象。但是，一张16K纸张最多可折9次512层，对折50次是天方夜谭！

1.13 无穷大

无穷是没有穷尽，没有限度之意。无穷大不能与很大的数混为一谈。无穷也称无限，它来自于拉丁文"infinitas"，是没有边界的意思。今天，我们用数学符号∞表示无穷大，这个符号是1655年约翰·沃利斯在《算术的无穷大》一书中首次使用的。

沃利斯

无穷到处存在。空间的维数有无穷。无限维的空间通常出现在几何学及拓扑学中，常见的例子是无限维的复射影空间和无限维的实射影空间。在分形几何中，也存在无穷。分形的结构可以以自相似的形式被重复放大。最终，分形的周长是无限的，而有些分形的面积是无限的，但有些分形的面积却是有限的。像科赫曲线就是有无限周长和有限面积的例子。

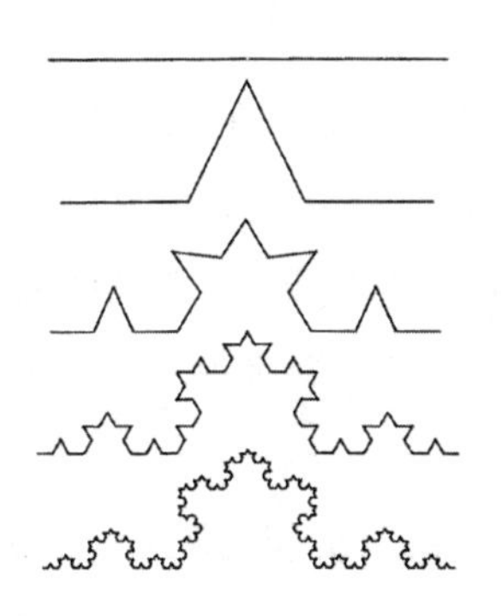

科赫曲线的生成

因为无穷是一个超越边界而增加的概念，是一个想法，而不是一个具体的数，它只存在于抽象中，我们永远都不能到达无穷，所以自数学发展以来，无穷大就一直困扰着人类。

最早关于无限的记载出现在印度的《夜柔吠陀》(公元前1200—前900)中，书中说如果你从无限中移走或添加一部分，剩下的还是无限。古希腊哲学家亚里士多德(公元前384—前322)认为，无穷大可能是存在的，因为一个有限量是无限可分的；但无限又是不能达到的。德谟克利特(约公元前460—前370)的原子论和芝诺(约公元前490—前425)的四个悖论都是关于无限的。在阿基米德手稿羊皮残卷《方法》命题14中,就开始计算无穷大的数目。他采取近似于19世纪微积分与集合论的手法,计算了两组无穷大的集合,以求和的方法证明它们之间的数目是相等的。这是在人类记载上第一次出现无限也可以分类这一念头。阿基米德在求抛物弓形的面积时就用到了无穷小分割求和的思想。

亚里士多德

中国古代早在先秦时期就对空间的无限性有所认识,通常用空间的三维性来定义空间。例如《管子·宙合》说:"宙合之意,上通于天之上,下泉于地之下,外出于四海之外,合络天地,以为一裹。散之至于无间,是大之无外,小之无内,故曰有橐天地。"这里的"宙合"即指空间。意思是说空间的范围是"大之无外"的[①]。这就对空间无限性做了扼要描述。

《墨经》(墨子,约公元前476—前390)则用数学语言对空间的无限性做了规定。《经》曰:"穷,或(域)有前不容尺也。"《说》曰:"穷:或不容尺,有穷;莫不容尺,无穷也。"这里的意思是说,如果一个区域有边界,在边界处连一个单位长度都容不下,那么它就是有限的。如果一个区域是无界的,无论向何方前进,用尺子去量总也不到尽头,它就是无穷大的,即是无限的。[②]这是中国历史上第一次用比较准确的语言对无穷空间做出了规定。

《列子·汤问》(列子,约公元前450—前375)对空间无限性的讨论同样着眼于宏观、微观两个方面,认为空间是"无极无尽",空间不能等同于实体物质,它是无限大的,内部是连续的、光滑的,没有空缺。《庄子·天下篇》(庄子,约公元前369—前286)又有"一尺之捶,日取其半,万世不竭"的记载,更是耳熟能详。

至魏晋时期,刘徽和南北朝时期祖氏父子,在求圆的面积和球的体积时,已用到无限分割、求和、取极限的思想。唐代著名文学家柳宗元也认为"东西南北,其极无方",明确指出空间是无限的。

12世纪,印度数学家婆什迦罗的无穷概念比较接近理论化的概念。而意大利物理学家伽利略(1564—1642)最先发现了一个集合可以跟它自己的真子集有相同的大小。17世纪,以牛顿和莱布尼兹为代表的数学家创立了微积分,无穷的问题特别是无穷小(无穷大的倒数即为无穷小)量的问题愈加凸显出来,但一直没有搞明白或说明白。直到19世纪,在为微积分奠定基础时,魏尔斯特拉斯(1815—1897)用"$\varepsilon-\delta$"和"$\varepsilon-N$"严格地定义了无穷(无穷大、无界和无穷小)。至此,人们在数学上对无穷才有了一个清晰的认识和精确的表达。

---

①② 关增建.中国古代关于空间无限性的论争[J].自然辩证法通讯,1997(5),48—55.

魏尔斯特拉斯

由于集合论是关于无限集分类的学科，所以在集合论中就涉及无穷，并对无穷又有不同的定义。康托尔运用两个集合是否可以建立一一对应关系的方法，对无穷的“大小”进行了比较，一个集合可以与自己的真子集[例如正整数集和偶数集(后者是前者的真子集)]建立一一对应关系，即具有相同的基数。在这里，“整体大于部分”的说法不再成立。自然数集、整数集乃至有理数集对应的基数被定义为阿列夫0($\aleph_0$)，称为可数集，是具有最小基数的无穷集。

$\aleph$读作阿列夫(aleph)，是希伯来文字母表的第一个字母，用它来衡量无限集基数的大小，但与微积分中出现的无穷大(∞)迥然不同，某些阿列夫数会大于另一些阿列夫数，因此无限是没有尽头的。德国数学家康托尔提出，一个无穷集合(记其基数为a)的幂集(其基数为2^a)总是具有比原来集合更高的基数，所以通过构造一系列的幂集，就可以证明无穷集合基数的个数是无穷的。

康托尔

由于数学各分支的研究对象本身是带有某种特定结构的集合，有的本身就是通过集合来定义的，所以在康托尔建立了集合论之后，集合论便成为整个现代数学的基础，各数学分支争相把自己的数学基础建立在集合论之上，并发自内心地庆幸已经找到了数学的基石。不幸的是，从19世纪末开始，就出现了集合悖论，并由此触发了第三次数学危机。

为了消除悖论，以策梅罗(1871—1953)为代表的数学家们开始对集合论进行修正，对康托尔的集合定义加以限制，这就是集合论公理化方案。1908年，德国数学家策梅罗首先提出了第一个公理集合论系统，后来德国数学家弗兰克尔(1891—1965)和挪威数学家斯科兰姆(1887—1963)进行了补充和修正，这个集合公理系统简称为ZF，ZF如果另加选择公理(AC)，则所得的公理系统简记为ZFC。

在ZF中，几乎所有的数学概念都能用集合论语言表达，数学定

策梅罗

理也大多可以在 ZFC 内得到形式证明，因而可以作为整个数学的基础。ZFC 是完备的，数学的无矛盾性可以归结为 ZFC 的无矛盾性。在 ZFC 集合论的框架下，任何集合都是良序的，从而两个集的基数总是大于、小于、等于其中的一种，不会出现无法比较的情况。由于一个无穷集合的幂集总是具有比它本身更高的基数，所以通过构造一系列的幂集，可以证明无穷基数的个数是无穷的。

或许有人会问：是否存在比整数基数大而比实数基数小的无穷基数呢？连续统假设告诉我们，在整数的无穷大和实数的无穷大之间存不存在别的无穷大。十分有趣的是，连续统假设却无法在 ZFC 集合论公理下被证明或证伪。也就是说，承认连续统假设将导出一个体系；不承认将导出另外一种体系。连续统假设或其否定都可作为额外的公理。

应当指出，集合论是康托尔为了给现代分析学构建理论和逻辑基础而准备的，不是为了描述常识世界而构造的。试图用常识来理解和分析集合论中的无穷是荒谬的，就像在现实生活中思考实无穷是没有意义的一样，因为你只能举出潜无穷的例子（例如一尺长的木棍可以无限对分），而举不出实无穷的例子。只要能在逻辑上构成一致的体系，在现代分析学体系下就是正确的基础。

由于人们对大数尚且摸不着头脑，对无穷就更难以把握。因此，在数学教学中可将数学与人文相结合。例如，在描述有限集和无限集时，可将集合比作宾馆。若宾馆只有有限个房间，现已客满。如果再来一个客人，服务员只好说："对不起，今已客满，请到其他宾馆去住宿。"但如果现在有无限个房间，也已客满。如果再来一个客人，服务员可以说："先生请稍候。"然后，让 1 号房间的客人住 2 号房间，2 号房间的客人住 3 号房间，以此类推。最后，对刚才那位客人说："先生请住 1 号房间。"即使再来任何可数个客人，都可以按上述方法操作。这正是无限与有限的区别和奥妙。

在讲到数列极限时，必然会讲"当 n 趋于无穷时"。只是这样讲，未免就太枯燥了。可以将文学融入数学，加一句"孤帆远影碧空尽，唯见长江天际流"（李白，《黄鹤楼送孟浩然之广陵》）。讲到区间（$-\infty$，$+\infty$）时，可插一句"前不见古人，后不见来者"（陈子昂，《登幽州台歌》）。讲到无界变量时，加一句"春色满园关不住，一枝红杏出墙来"（叶绍翁，《游园不值》）。如此，必然引起学生会意的微笑，并加深理解和认识，起到很好的教学效果。

2.数与式的运算

2.1 加法与减法

2.1.1 “加”与“法”

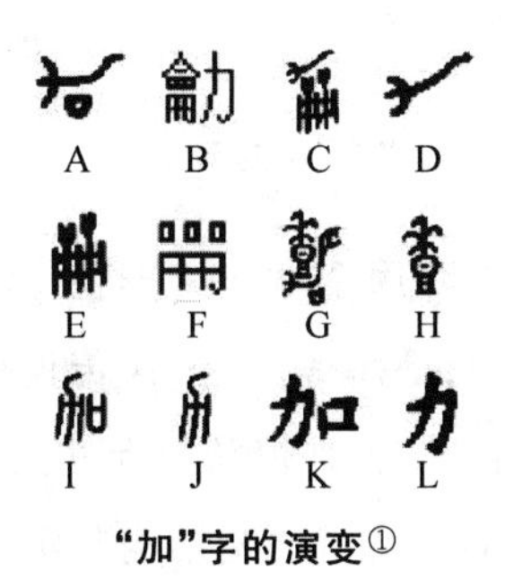

“加”字的演变[①]

“加”这个字最早见于西周金文[②]。本义是诬枉、夸大；引申为增加、外加、放置、施行等；又引申为超越、欺凌等。作副词时指更加、愈加。今天其本义已少用，常用其引申义。

在上面的图中，A 到 K 描述了“加”字从金文到今天楷书的演化过程。金文疑为“图A”(即“嘉”)“图B”的金文字形之省略，是“嘉”的本字。“图B”“图C”“图D”“图E”“图F”(“图F”即“龠”的省略，表示吹奏多管多孔的排笛)，均指竭力吹笙击鼓。“吹笙击鼓”是“加”的本义(从而可引申为夸大、增加)。这里的含义是动词，“放在上面，加上”之意[③]，因为早期中国人用算筹运算，算筹加法就是在被加数上放上一些算筹。

---

① 象形字典，网站域名：www.vividivt.com，登记号：13-2010-A5307.

② 李学勤.字源[M].天津：天津古籍出版社，2013.

③ 象形字典，网站域名：www.vividivt.com，登记号：13-2010-A5307.

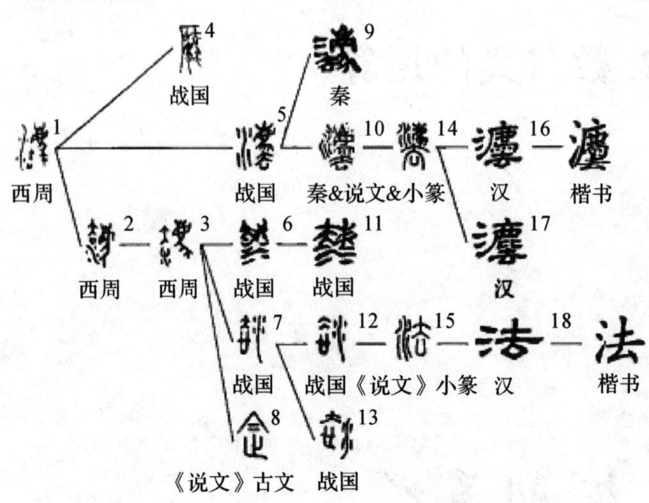

1、2.《金文编》679页
3、4.《金文编》680页
5.《汉语字形表》381页
6.《郭店》135页
7、12.《古玺》247页
8、14、15.《说文》202页
9.《睡甲》154页
10.《秦汉金文》249页
11.《包山》154页
13.《战文编》661页
16、17、18.《隶辨》781页

"法"字的演变①

"法"古字写作"灋"，最早见于西周金文。字形由"氵(水)""廌(zhì)""去"三部分组成，"水"代表执法公平如水；"廌"就是獬豸，是古代传说中一种能明辨善恶是非的神兽；"去"的构形说法不一。《说文解字》作者许慎认为是去除坏人的意思。在上面图中，1 到 18 描述了"法"字的演化过程，有的维持了原文结构基本不变的字形，有的有简化、繁化和讹混②。

"法"本意是法律、法令。它的含义古今变化不大，在古代有时特指刑法，后来由"法律"义引申出"标准""方法"等义。现代汉语的"法"多指由统治者(统治集团，也就是政党，包括国王、君主)，为了实现统治并管理国家的目的，经过一定立法程序所颁布的一切规范的总称。在"加法"中"法"的含义是"方法"或"法则"的意思。

① 陈政. 字源谈趣 800 个常用汉字之由来[M]. 北京：新世界出版社，2006.

② 李学勤. 字源[M]. 天津：天津古籍出版社，2013.

2.1.2 和

和 hè 匣纽、歌部；匣纽、过韵、胡卧切
hé 匣纽、歌部；匣纽、戈韵、户戈切
huò
huó
hú

战国《说文》小篆 秦 汉 汉 汉 楷书

1.《金文编》64页；2.《说文》32页；3.《睡甲》14页；
4.《银雀山》43页；5、6.《甲金篆》80页

“和”字的演变

两数相加的结果称为“和”。“和”字常与“龢”字通用，二字本义各有所指。“和”始见于战国金文，本义指声音相应和(读 hè)；“龢”始见于商代甲骨文，本义指音乐和谐，后来两者在词义引申脉络上有交叉，以至于没有区别①。

所以“和”由本义和谐，后来引申到平和、温和、柔和这层意思(读 hé)。因为“和”有和谐、没有争斗之意，所以把结束战争称为和平、和好。因为“和”有共同、一起的意思，所以就有连带的意思，把两数相加称为和也就容易理解了。

加法是将两个或者两个以上的数(量)合成一个数(量)的计算。中国古代一般都在算筹或算盘上进行运算，省略了中间步骤，只记录其结果，作加法也是如此。例如，《九章算术》方田章给出了“合分术”(分数的加法)，对于同分母的分数相加时称“直相从之”，用“从”表示加，并没有采用数学符号表示加法。

在方程章正负术中正是通过实例分析，总结出了有理数的加法法则：“异名相除，同名相益，正无入正之，负无入负之。”②

意思是说，(两有理数相加)异号时(绝对值)相减(符号取绝对值较大者)，同号(绝对值)相加(符号取其原来的符号)，正数加零为正数(本身)，负数加零为负数(本身)。

在算术中，人们已经设计了数的加法规则。加法有几个重要的属性，它满足交换律和结合律，这意味着当添加两个以上的数字时，执行加法的顺序并不重要。同时，重复加 1 与计数相同；加 0 不改变结果。加法的本质是完全一致的事物，也就是同类事物的重复或累计，是数字运算的开始。

今天，人们创造了符号“＋”以表示加法，用它将各项连接起来。例如 3 个苹果＋5 个

---

① 李学勤. 字源[M]. 天津：天津古籍出版社，2013.

② 白尚恕.《九章算术》注释[M]. 北京：科学出版社，1988.

苹果等于8个苹果。除了计算水果外,也可以计算其他物理对象,还可以在更抽象的数量上定义加法,例如整数或有理数。还可以推广到实数和复数以及其他抽象对象,例如向量和矩阵。

2.1.3 “减”与“差”

减从氵(水)从咸。原指水受日光照射蒸发或渗入土中水分会减少之意。咸,有“都、皆、全部”之义,表示“凡被减都变小”之意。减的反义词是加。减一般指运算中的减法运算法则。减法是加法的逆运算。

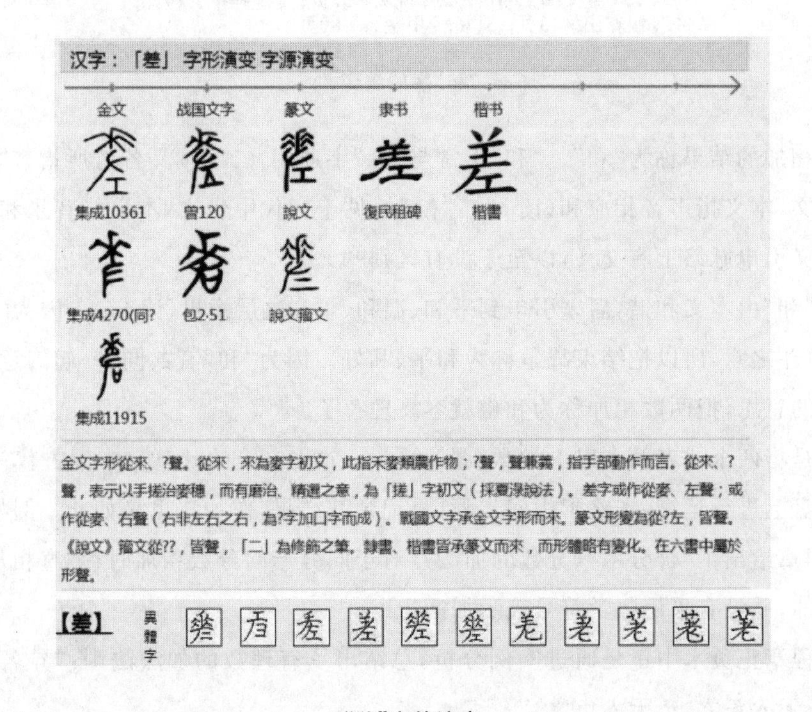

“差”字的演变

差,会意字。小篆,从左(手)。本义:失当,错,相差,不好,不够标准。引申指不相当,不相合,不同,不同之点。把“不同”之意用在数学上,指减法运算中的得数,特指两个数相减的结果,称之为差。

《九章算术》方田章给出了“减分术”(即分数的减法法则):以少减多,余为实。称相减的结果为“实”。方田章的“课分术”(比较两个分数的大小)中也用到了减法。但都没有采用数学符号表示减法。

在方程章正负术中正是通过实例分析,总结出了有理数的减法法则:“同名相除,异名相益,正无入负之,负无入正之。”即:(两有理数相减)同号时(绝对值)相减(符号取绝对值较大者),异号(绝对值)相加(符号取其原来的符号),零减正数为负数,零减负数为正数。

学生在小学阶段由于理解能力和认识水平有限，我们只能让他们比较机械地理解加法和减法。到初中阶段，学生的智力水平和认识水平已经有较大的提高，可以从文字学的角度去解释为什么叫加法或减法，以及加法和减法的内涵与来源。这样文理渗透，既加深了学生对概念的理解和认识，又强化了中华文化教育。

《九章算术》加减法则的特征与刘徽关于正负数的定义相似，尤其便于习诵和记忆。这里只需对“异名”(异号)、“同名”(同号)、“除”(减)、“益”(加)、“无入”(零)作些解释后，学生完全能够理解。我国古文字十分精炼，若选用得当，对提高学生的汉语及古文水平都有一定帮助，这是文理渗透的形式之一。

2.1.4 加法与减法的符号

1489 年，捷克籍德国数学家维德曼(1460—约 1499)在著作《简算与速算》中首次在印刷体中使用“＋”“－”表示剩余和不足，而不是加减。15 世纪末，德国德累斯顿图书馆所保存之手稿卷(编号 C. 80，写于 1482 年，作者是乌布利希・瓦格涅尔)中使用了现代的加号“＋”与减号“－”，表示加减。[①] 1544 年，德国数学家斯蒂费尔在《综合算术》中最早使用印刷体“＋”“－”表示加减。

1608 年，德国人克拉维乌斯(1537—1612)于罗马出版的《代数》一书内采用了“＋”“－”，此后意大利人才开始采用这两符号。1557 年，英国御医、修辞学教授、数学教授雷科德(1510—1558)在英国首先使用这两符号；1637 年，英国科学家胡克(1635—1703)在荷兰引入这两符号，并逐步传入其他欧洲大陆国家，随后渐渐流行于全世界。

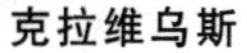

克拉维乌斯

胡克

“＋”“－”这两个符号是怎么来的？人们的说法不一。有的说是从印度来的，因为印度用“・”表示减，后来人们把它拉长成“－”，减号上面再加一竖就是“＋”。有的说是由拉丁文 et(相当于英文中的 and)演变来的，即去掉一竖就是“－”。也还有其他说法。但

① 鲍尔・加尔斯基. 数学简史[M]. 北京：知识出版社，1984.

无论哪种说法，一个事实是：加减符号来源于实践，并且并非一人发明，而是集体智慧的结晶。

中国古代用算筹和算盘进行运算，只记录结果。书写时直接用文字“加”“减”表示加减运算。清末，李善兰把西方法的数学翻译到中国来时，为了防止与中国数字“十”（拾）“一”（壹）混淆，没有采用“＋”“－”这两个符号，而是用篆文的上、下二字，即用“⊥”“丅”表示加和减。随着外来书籍的增多以及印度－阿拉伯数字的使用，中国才逐渐使用“＋”“－”这两个符号表示加法和减法。

2.2 乘法与除法

2.2.1 “乘”与“积”

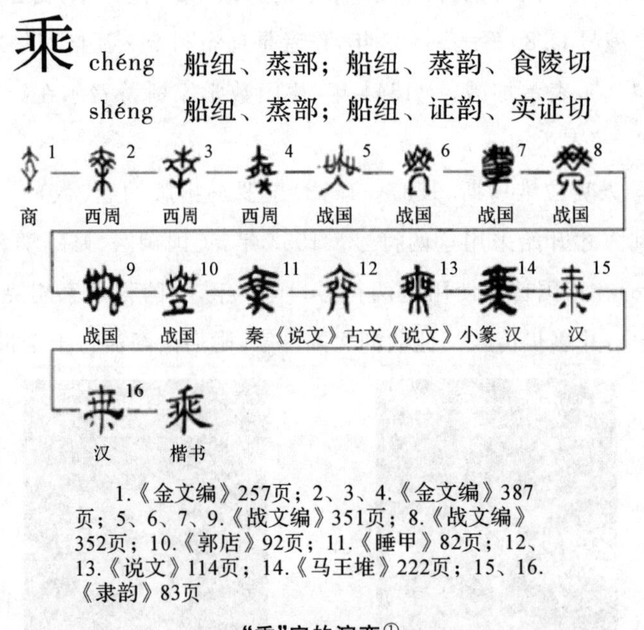

“乘”字的演变①

乘，会意字。在商代甲骨文（如上图中的第一个字）中，上面是“大”（指人），下部是“木”（指树木）。人在树上，高出地面。本意指登上。数学上引申为几个相同的数连加的算法。

公元前1世纪的《周髀算经》卷上有：“勾股各自乘，并而开方除之，得邪至日。”就是说直角三角形的两个直角边长的平方相加后再开方，就是直角三角形斜边的长。这里的

① 李学勤．字源[M]．天津：天津古籍出版社，2013.

“自乘”就是数与数的乘法。至1世纪,《九章算术》方田术称:广从(纵)步数相乘得积步。意思是说,如果知道长方形的长(纵)和宽(广),则长方形的面积就是长和宽的乘积。这样就明确地给出了“乘法”定义和乘法的结果“积”的定义。

乘法的意义是求几个相同加数的和的简便运算。如3×4既可以说:4个3相加的和是多少;也可以表述成:3的4倍是多少。3×5表示5个3相加。5×3表示3个5相加。

“积”的古体字

积,是形声字,繁体字如图,从禾绩声,本义为谷物堆积。《说文》:积,聚也;《周礼》:委积膳献,饮食宾客赐之;郑玄注:少曰委,多月积。引申出聚集(使逐渐增多:积累,积蓄,日积月累)、长时间逐渐形成的(积习,积劳成疾,积重难返)、中医指因某些东西滞留体内而得的病(奶积,食积)。这样也自然地可以引申出算术乘法的得数——积。

2.2.2 乘法

符号“×”是乘号。乘号前面和后面的数叫做因数,等于号后面的数叫做积。从哲学角度解析,乘法是加法的量变导致的质变结果,因此乘法是加法的特殊形式。但要想创造一套简便可行的乘法运算法则却不是件容易的事。

为计算方便,人们创造了九九乘法歌诀。中国使用“九九口诀”的时间较早。早在春秋战国时期,《九九乘法歌诀》就已经开始流行了。

中国古代利用算筹进行乘法计算。筹算乘法分三层:上位是被乘数,中位是积,下位是乘数。先用乘数的最大一位去乘被乘数,乘完之后就去掉这位的算筹,再用第二位去乘,两次之积对应位上的数相加,以此类推,直到乘完为止。

正负数的加减法则在《九章算术》中已明确表述。至元朝,朱世杰在《算学启蒙》(1299)中给出了乘法则:“同名相乘为正,异名相乘为负。”

整数的乘法运算满足:交换律,结合律,分配律,消去律。所以,在计算两个数相乘时,可以不再区分乘数与被乘数。

随着数学的发展,乘法运算的对象扩展为更一般的对象,例如群、矩阵等。但是原来数满足的运算定律,此时可能不再有效。群中的乘法运算不再要求满足交换律,矩阵的乘法也不满足交换律。

2.2.3 阶乘

在数的乘法中，还有一个概念叫阶乘。一个正整数的阶乘是所有小于及等于该数的正整数的积，自然数 n 的阶乘写作 $n! = 1\times 2\times\cdots\times n$，并规定 0 的阶乘为 1。阶乘的符号是 1808 年由基斯顿·卡曼(1760—1826)引进的。

那么，为什么有 0 的阶乘为 1 呢？由于正整数的阶乘是一种连乘运算，而 0 与任何实数相乘的结果都是 0。所以用正整数阶乘的定义是无法推广或推导出 $0! = 1$ 的，即在连乘意义下无法解释“$0! = 1$”。给“0!”下定义只是为了相关公式的表述及运算更方便，特别是在离散数学中组合数的定义与运算更方便。在有些数学表达式中，表示形式也更方便简洁，例如在函数 e^x 的马克劳林级数 $\mathrm{e}^x = \sum_{n=0}^{\infty}\frac{x^n}{n!}$ 展开式中明确地用到了“$0! = 1$”的定义，如果没有这个定义就只能麻烦地表示为 $\mathrm{e}^x = 1 + \sum_{n=1}^{\infty}\frac{x^n}{n!}$。在伽马函数中，也有类似的表达。

2.2.4 除法

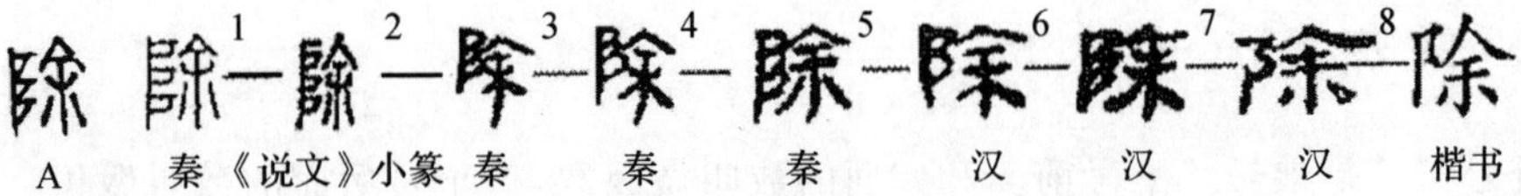

A 秦《说文》小篆 秦 秦 秦 汉 汉 汉 楷书

1、6、7、8.《篆隶表》1040页；3、4、5.《睡甲》214页；2.《说文》306页

“除”字的演变①

除，从阜从余。“阜”指人工土石堆积物，“余”意为“剩下的”。“阜”和“余”合起来表示土石工程的附加部分、多余部分(如为方便施工而修筑的临时性土石台阶等)。本义指土石工程的非正体部分、附加部分(即不计算费用的部分，在结算造价时应予以扣掉的部分)②。

《说文解字》称：“除，殿阶也。从阜、余声。”正因为“除”有台阶之意，所以引申指算法的一种：把总数折为若干份，称之为除法。或称：已知两个因数的积与其中一个非零因数，求另一个因数的运算，叫做除法。除法是乘法的逆运算。

《九章算术》方田章只给出了正负数的加减法则，但未必不遇到正负数的乘除问题，却没有明确提出乘除法则。628 年左右，印度数学家婆罗摩笈多给出了正负数的四则运

① 李学勤. 字源[M]. 天津：天津古籍出版社，2013.

② 丁义诚，等. 全解汉字(第 1 辑)[M]. 北京：新世界出版社，2008.

算法则。至元朝，朱世杰在《算学启蒙》(1299)中给出了除法则，才使中国的有理数四则运算法则臻于完备："同名相除为正，异名相除为负。"

婆罗摩笈多

2.2.5 商

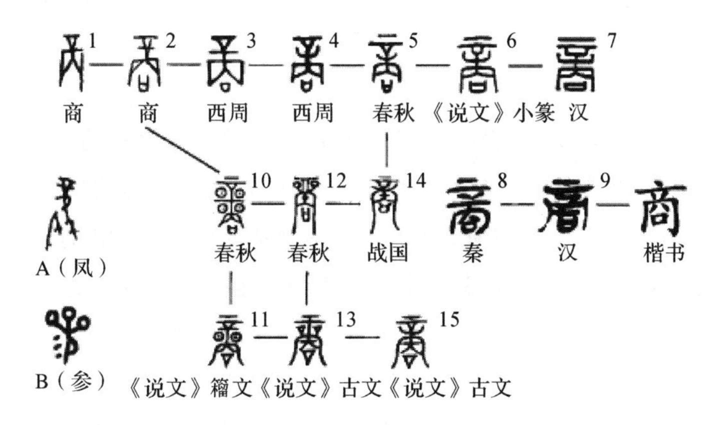

1、2.《甲文编》92页；3、4、5、10、12、14.《金文编》130~132页；6、11、13、15.《说文》50页；7.《汉印徵》卷3，2页；8.《睡甲》50页；9.《篆隶表》138页

"商"字的演变①

我们把两个数相除的结果称为商。"商"始见于商代甲骨文及商代金文，本义不明。甲骨卜辞中都用作人名或地名，金文后来假借为国"殷商"。学术界对于甲骨文(图中1、2)的"商"字的解释看法不统一。

有人认为商的上部是辛字(与辛实为一字)，辛是古代常用的刑罚之具。商字从辛即表示惩罚之意。商字下部之冏，根据徐中舒(1898—1991)之说，为居住区之象形，表示商星所对应的地面分野。所以商的本义就是商星，有些商字还画有两颗或四颗星星，表意更为明显。《说文》："参，参商，星也。"参字西周金文作图B，像人头上有三颗星，下面的三

---

① 李学勤. 字源[M]. 天津：天津古籍出版社，2013.

撇表示光芒闪耀，由参本义为星名，可知商字亦为辰星而造。

商的经商之义是如何产生的呢？徐中舒在《殷周文化蠡测》一文中指出："殷亡以后，商人土田为周人所夺，故多转而为商贾，商贾名称当由此起。"

古代商务大多采取以物易物的实物交换方式，实物交换须对双方的物品价值做出评估，所以商又有估量、商量的意思，泛指两个以上的人在一起计划、讨论，例如商量、商讨、商议、商定、商榷、商酌（商量斟酌）、相商、磋商、洽商、协商。

而当我们做除法时，往往不能一下就得出结果，需要一次次试验（今天称之为试商），就像两个人在讨论或商量一样，于是就把商作为数学中除法运算的得数而定名。通常，当被除数除以除数，正好除尽时所得的商称为完全商；当被除数除以除数，不能除尽时（即还有余数）所得的商称为不完全商。

《九章算术》方田章"合分术"（分数的加法）"课分术"（分数比较大小）"经分术"（分数的除法法则）"乘分术"（分数的乘法）"大广田术"（含有分数或带分数的乘法法则）都提到"实如法而一"，"实"指被除数（分数中的分子），"法"指除数（分数中的分母），"实如法而一"就是被除数除以除数。

《九章算术》又有商功章，这里的"商"就是商量、度量的意思；"功"就是工程。"商功"是指推算或讨论各种土方体积和粮仓容积以及劳动力（人数）等问题的算法，即各种立体的体积和容积的计算问题。正因为要涉及讨论或推算，所以称之为"商"。

由于整数相除就产生分数，这就提出了关于分数运算法则的规定。由于中国古代是用算筹为计算工具，而算筹记数基于"单位"的积累，因而它能直接表示的是自然数。分数只能被还原为一对整数来分别计算。分数作为测量或运算的结果它是一个独立的数，而在运算过程中被看成是"法"与"实"（即分母与分子）一对整数的比率。这样，一方面分数的形式就不拘一格，可以根据需要写成上下结构或左右结构，具有更大的灵活性；另一方面，还可以把分数的理论建立在比率理论基础之上，用比率的性质来解释分数算法，表现出理论的严谨性。特别是，可由比率性质立刻推出分数的基本性质，为分数的运算提供了前提。

《九章算术》方田章已给出了分数的四则运算法则，此后刘徽的注又用率的理论阐明了这些运算的原理，这说明分数的运算理论至迟在《九章算术》成书及刘徽作注之时就已经完备。南北朝时期《张丘建算经》中不仅给出了许多带分数的乘除问题，而且还给出了许多十分复杂的分数混合运算问题。这又说明至迟在公元 4—5 世纪，中国对分数的四则运算已经很熟练了。

在四则运算中涉及几个符号（ ）、[ ]、{ }。1608 年，德国数学家克拉维斯在他的代数著作中，首次使用符号（ ）明确表示圆括号。1593 年，法国数学家韦达创造了[ ]和{ }。

必须强调，分数的四则运算是人们按照自己的意志而确立的，可以随意地规定它们，如可规定$\frac{a}{b}+\frac{c}{d}=\frac{a+c}{b+d}$，但它将导致$\frac{1}{2}+\frac{1}{2}=\frac{2}{4}$，从测量的观点看，是荒谬的。这种形式的规则，虽然在逻辑上是可行的，但将使数学脱离实际。智慧的自由创造，往往为某种客观的需要所指引，进而创造出一种适宜的手段以把握测量与实践。

2.2.6 乘与除的符号

美国数学家丹齐克(1914—2005)说："符号有一种超越它所象征的事物的意义，这就是为什么符号不仅仅是一种记号的缘故。"[①]从人类历史上看，不同国家或民族都曾采用不同的符号表示乘除，从符号学和逻辑的角度，最理想的方式是一义一符。但令人意外的是，乘号和除号迄今没有达成国际统一的协定。以 a 和 b 的乘除运算为例，乘法的表示法有 $a\cdot b$，ab(省略符号)，$a\times b$，$a.b$(脚下小黑点)；除法的表示法有 $a\div b$，a/b，$\frac{a}{b}$，$a:b$ 等。这些符号各司其职，在不同场合发挥不同作用。

1631 年，奥特雷德写了一本算术和代数的通俗读物《数学入门》，刻意创立了 150 个数学符号，其中就有乘号"×"。但由于这个符号容易与字母 x 混淆，所以曾经受到莱布尼兹等数学家的反对。但后来还是被大家认可并采用。至于奥特雷德是如何创造这个符号的，后人给出了一个富有想象力的推测：乘法是加法的简便运算，但又与加法不同，于是奥特雷德把加号斜过来写，便成了乘号。

在英国数学家哈利奥特(1560—1621)去世后 10 年出版了《实用分析术》，首先用"·"表示乘号。笛卡儿在其《方法论》(1637)中也用"·"表示乘号。后来，这种表示法还得到了莱布尼兹的赏识并逐步被采用。

除号"÷"是瑞士数学家雷恩首创。他是如何创造这个符号的呢？后人也有推测：雷恩在数学运算时，遇到把整数分成几份的问题，但没有符号可以表示这种分法。于是，他就用一条短横线把两个圆点分开，来表示分解的意思。另外，$\frac{a}{b}$的表示法源于阿拉伯的花拉子模，a/b 的表示法也来自阿拉伯，而符号"："(表示除法)是莱布尼兹创造的。

我国古代把除数称为法，把被除数称为实，表示除法运算时用文字记述或称为几分之几，没有符号。乘法也是一样。清末以后，这些符号逐步进入我国，并被采用。

---

① 丹齐克. 数：科学的语言[M]. 北京：商务印书馆，1985.

2.3 整数运算的性质

诺特

整数是正整数、零、负整数的集合。整数的全体构成整数集，整数集是一个数环。1921年，德国女数学家诺特(1882—1935)写出《整环的理想理论》，这是交换代数发展史上的里程碑。由于整数环的概念是诺特引入的，而她是德国人，所以她就取德语中整数 Zahlen 的第一个字母 Z 表示整数集。

古人在进行建筑数学的基础算术时，以不完全归纳为基础，赋予整数的四则运算一些未加证明或说明的性质。这些性质在我们初学算术时，老师也是这样教我们的：先要我们像口诀一样记住 $1+1=2, 1+2=3, \cdots$；同时又告诉我们像 $3+2$ 与 $2+3$ 这样两个和是相等的；紧接着又说像 $(2+3)+4=2+(3+4)$ 也是成立的。这些方法对一般的也成立，即算术老师也像古人一样只讲"如何做"，而没有讲"为什么"。当我们长大能够问事物"为什么"时，这些方法则通过经常不断使用，已经变成我们智慧中十分密切的一个部分，以至于我们把它视为理所当然的了。事实上，要严格证明这些性质并不是件容易的事，问题就在于算术的绝对普遍性，对一切整数都成立。

若"一切"只是用于事物或情况的有限类，则没有什么困难可言。因为每个有限集合都可以通过计数把它穷尽，我们只需对集合中的每一类逐一验证即可。虽然我们知道若真是这样做起来，会有许多难以克服的困难，然而，我们认为，这些困难纯粹是技术性的，而不是概念性的。

若"一切"是指无限类，情况又如何呢？我们也可以把每一类在想象中排列起来，使从第一个数开始，每一个数都有一个后继数，但是我们不能想象计数的过程是没有尽头的。因为无限只是一种数学的假设，也是算术的基本假设，全部数学就建筑在这上面。在整数集中，加法和乘法运算之所以能重复进行，就是因为人们先验地假定了整数集的无限性。

中国古代从《庄子·天下》中的"一尺之棰，日取其半，万世不竭"到刘徽的割圆术、弧田术、开方术和阳马术，对无限似乎有较明确的认识。但中国古代只是应用，并未明确论证无限的本质和整数的运算性质。

古希腊的芝诺曾提出四个悖论，其中比较有名的是阿基里斯悖论：

阿基里斯悖论

古希腊跑得最快的英雄阿基里斯和一只乌龟进行赛跑，先让乌龟爬一段路程(A_1)，然后阿基里斯再追。当阿基里斯跑完这段路程后，乌龟又向前爬了一段路程(A_2)；当阿基里斯跑完这段路程后，乌龟又向前爬了一段(A_3)。如此一来，阿基里斯永远也追赶不上乌龟。也就是说，一个跑得再快的人，也永远追赶不上一个跑得慢的人。

芝诺

在古希腊，从芝诺的四个悖论开始，无限一直是数学中的一个可怕的阴影，人们见之如避瘟神一般，唯恐躲之不及，也不可能对无限做出本质上的认识。我们说由于历史条件的限制，在那个时代人们是不可能把这个问题真正搞清楚的，也就不可能对整数的运算性质给出严格的证明。

今天，科学研究上往往采用演绎和归纳两种方法。前者的作用是论证命题的正确与否，但不能发现新的事实；后者的特长是发现新的事实，可它永远也不容于严格的数学，不但用它来证明数学命题是错误的，就连用它来确证某个已成立的真理也是不可接受的。因为，要证明一个数学命题，不论证实多少例子(只要不是全部)也是不够的；而要反证一项陈述，只要有一个例子就够了。

那么依据什么来证明整数的性质呢？这就是数学归纳法。数学归纳法是演绎法，对于研究算术的许多性质是十分有用的。1894年，庞加莱(1854—1912)在《数学推理的本质》中指出："我们只能循着数学归纳法而前进，只有它能教我们新的东西，如果没有这种与自然归纳法不同，但是却同样极为有用的归纳法的帮助，演绎法是无力去创造出一种科学来的。"

庞加莱

2.4 指数与对数

2.4.1 指数

今天，我们把 n 个相同的数 a 相乘就称为乘方，即 a 的 n 次方，记作 a^n，并称 a 为底数、n 为指数。乘方的结果叫幂。

中国古代音乐理论中最早出现了乘方的概念。《淮南子·天门训》中有“置一而十一三之”之语，意为 1×3^{11}。刘徽注释《九章算术》时，把长和宽相乘的积叫做幂。幂的古体字是“冖”，通常指遮盖东西的巾或盖桌子的布。《说文解字》称：“幂，覆也。从一下垂也。”据此，“幂”可理解为表皮或表面的意思，其本意并不表示面积。由于桌子往往是方形，所以刘徽进行了引申，把长和宽相乘的积叫幂。

至唐代王孝通（大约生于北周武帝年间，逝世在贞观年间）著《缉古算经》(625)，把数的平方或体积称为幂。此后，南宋数学家秦九韶、金元数学家李冶(1192—1279)和朱世杰往往把平方称为幂。1607 年，徐光启和利玛窦合译《几何原本》时，称“自乘”之数曰幂，这就给幂下了定义。明清时期，既称面积为幂，也称平方或立方为幂。至清末，在李善兰的《代微积拾级》(1859)中，先把 power 译为“方”，后来又改为“幂”。1935 年，《数学名词》译 involution 为乘方，power 为幂或乘幂，从此这两个术语才确定下来。

最早采用代数符号表示未知数及其若干次乘积的，是希腊数学家丢番图。他将 x^2，x^3，x^4，x^5，x^6 分别记为 Δ^y，$k^y ky$，$\Delta^y\Delta$，$k^y k$，（Δ 为希腊字“幂”的第一个字母，k 为希腊字“立方”的第一个字母），对于 6 次以上，他没有研究。

14 世纪，意大利的奥雷斯姆（约 1320—1382）首创分数指数的记法和一些算法。他在《比例算法》中把 $2^{\frac{1}{2}}$ 写作 $\boxed{\frac{1\cdot p}{2\cdot 2}}$、$\left(2\frac{1}{2}\right)^{\frac{1}{4}}$ 写作 $\boxed{\frac{1\cdot p\cdot 1}{4\cdot 2\cdot 2}}$，也把 $q^{\frac{1}{3}}$ 写作 $\frac{q}{3}q^p$、$2^{\frac{1}{2}}$ 写作 $\frac{1}{2}2^p 122p$。

韦达

1484 年，法国数学家舒开(1445—1500)写了一本《数学科学中的三部曲》，采用了指数符号。他用 12^3、10^5 表示 $12X^3$，$10X^5$，用 12^0 表示 $12X^0$，用 7^{1m} 表示 $7X^{-1}$。

法国数学家韦达(1540—1603)对数学符号有颇多改良，但没有给出简洁的指数表示。他用 $\mathrm{D.}_{\mathrm{quad}}$ 表示 D^2，用 $\mathrm{D.}_{\mathrm{cubum}}$ 表示 D^3。

16 世纪，意大利数学家邦别里在一本代数书中，将 X，X^2，X^3 写成 $\overset{1}{\vee}$，$\overset{2}{\vee}$，$\overset{3}{\vee}$。17 世纪，笛卡尔在他的《几何学》(1637)中，确立了用前几

个英文字母表示已知数、用末后的字母表示未知数的习惯用法。他创立了现代指数符号 a^2, a^3, a^4 等表示法，并第一个使用了平方根符号“$\sqrt{\quad}$”，这个符号由 root（根）的第一个字母变形而来。

邮票中的笛卡尔

邮票中的牛顿

1676 年，牛顿提出把形如 $\sqrt{a}$，$\sqrt{a^3}$，$\sqrt[3]{a^2}$ 写成 $a^{\frac{1}{2}}, a^{\frac{3}{2}}, a^{\frac{2}{3}}$，而把 $\frac{1}{a}, \frac{1}{aa}, \frac{1}{aaa}$ 写成 a^{-1}，a^{-2}, a^{-3}。这样实数指数的概念和科学的符号终于形成了。

2.4.2 对数

1. *以 a 为底的对数*

对数的英文是 logarithm，log 是木料或木筒的意思，arithm 是算术或计算的意思，合一起可直译为“计算筒”，其本意为“比数”（rationumber）。1624 年，天文学家开普勒第一次把对数一词简记为“log”。1632 年，意大利数学家卡瓦列里第一次使用“log”作数学运算。

首次将对数传入中国的是波兰传教士穆尼阁（1611—1656），他与中国的薛凤祚（1599—1680）合编了《比例对数表》，这是我国最早的对数著作。在 $\log_2^3$ 这样的式子里，中国称 2 为“真数”（至今沿用），而称 3 为“假数”。真数与假数对列成表，所以称为对数表。后来，“假数”渐渐不用，而把 3 叫做 2 的对数（取对比成数之意）。

对数的产生是由于计算的需要。早在公元前 300 年，阿基米德就研究了这样两个数列：

$$1,\quad 10,\quad 10^2,\quad 10^3,\quad 10^4,\quad 10^5,\quad \cdots$$
$$0,\quad 1,\quad 2,\quad 3,\quad 4,\quad 5,\quad \cdots$$

他发现这两个数列之间有一一对应关系，利用这种对应关系（对比关系），可用第二个数列的加减关系来代替第一个数列的乘除关系。如 $10^2 \times 10^3$ 时，由于 10^2 对应 2，而 10^3 对应 3，又 $2+3=5$，所以 5 所对应的 10^5 即为 $10^2 \times 10^3$ 的结果。但是阿基米德没有进一步研究下去。

1484年,舒开也注意到这种关系。至1544年,德国数学家斯蒂费尔在《整数算术》(1544)中对下列两个数列:

$$\begin{array}{ccccccccc} 0, & 1, & 2, & 3, & 4, & 5, & 6, & 7, & 8, & \cdots \\ 1, & 2, & 4, & 8, & 16, & 32, & 64, & 128, & 256, & \cdots \end{array}$$

进行了研究,并把第一行称为"指数"(德文Exponent,原意为"代表人物"或"代表者"),意思是:要计算下一列中两数的积,只要计算这两数的代表,即对应上面两数的和即可。后来Exponent就成为正式的数学术语。斯蒂费尔当时已掌握了对数的运算法则:$\log_2 ab=\log_2 a+\log_2 b$,$\log_2 \dfrac{b}{a}=\log_2 b-\log_2 a$。

对数的创始人是苏格兰的纳皮尔。纳皮尔是曼彻斯特的贵族,生于苏格兰的麦启斯顿并卒于同地。纳皮尔1563年进大学读书,后来又到欧洲留学。1571年回到苏格兰。纳皮尔对计算颇有研究,当时他就以球面三角中的"纳皮尔比拟式""纳皮尔圆部纳皮尔法则",以及乘除法用的"纳皮尔算筹"著称。其实,比这些发明更伟大的是对数。

纳皮尔

那时,天文、航海和各种工程技术中急需大量的三角函数表。但由于当时没有十进小数的运算,只能用不断加大圆半径的办法来满足制表的要求。这样,寻求简单有效的制表计算方法就成为当务之急。

纳皮尔正是以简化三角运算为目的,受等比数列的项和等差数列的项之间的这种对应关系的启发,而发明对数的。这一成果体现在他发表的《论对数的奇迹》(1614)和其遗著《作出对数的奇迹》(1619)中。现在我们常说,对数的定义及其运算法则都是从指数而来的。可那时,指数的概念尚未完成,也没有指数符号,纳皮尔本人,更不知"底"为何物。也就是说,对数的发明先于指数,而不是今日教科书上所说的从指数得出对数。

对数的发现过程中,最奇怪的一点就是,当时欧洲的代数学还十分"落后"(指相对于现在),连指数、底数这些基本的概念都还没有建立。因此,人们根本不是基于$a^x=b$这样的代数关系发明对数的。事实上,纳皮尔是从几何运动的角度发现了对数关系的;瑞士数学家和天文学家比尔吉(1552—1632)是从代数的级数对应角度发现对数关系的。我们今天很容易理解的对数,在那个年代是非常深奥、复杂的数学概念和理论。数学史学家曾经指出:对数的发现早于指数的应用这个事实,是数学史上的反常现象之一。纪念纳皮尔的文集的序言中写道:这项发明是孤立的,它没有借助其他智力工作,也没有遵循原有的数学思想路线,就突然闯到人类思想中来了。

纳皮尔不从指数出发,怎样给出对数呢?他的思想用现代术语表示即为:

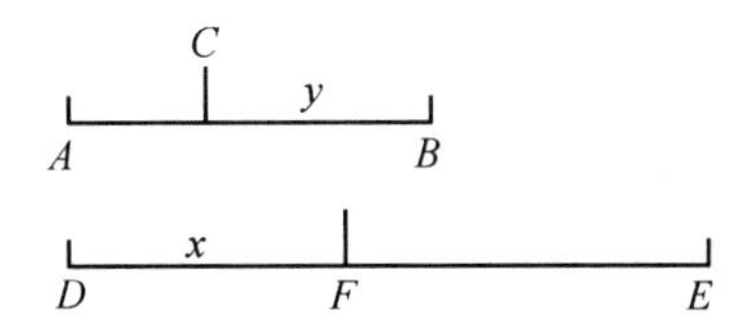

设线段 AB 定长，DE 是以 D 为起点的射线。C 点从 A 向 B 运动，F 点从 D 向 E 运动，且两点同时以相同的初速出发，F 点的运动是等速的，而 C 点的速度与线段 CB 的长成正比(比例常数为 1)。若 C 点运行了距离 AC，同时 F 点运行了距离 DF，则纳皮尔称 DF 为 CB 的对数。

令 $AB=a=10^7$，$CB=y$，$DF=x$，则 $AC=a-y$，C 点的速度为 $\frac{\mathrm{d}(c-g)}{\mathrm{d}t}=y$，从而

$$-\ln y=t+c \tag{2-1}$$

当 $t=0$ 时，$y=a$，故 $c=-\ln a$。

又 F 的速度为 $\frac{\mathrm{d}x}{\mathrm{d}t}=a$，即 $x=at$。

把 t，c 的值代入式(2-1)得：

$$-\ln y=\frac{x}{a}-\ln a \text{ 或 } x=a\ln\frac{a}{y} \tag{2-2}$$

x 就是 y 的对数，我们称之为“纳皮尔对数”。用 Nap. $\log y$ 表示。将 $a=10^7$ 代入式(2-2)得：

$$\text{Nap.}\log y=10^7\ln\frac{10^7}{y}$$

可见，纳皮尔的对数与自然对数是不同的。另外，之所以取 $a=10^7$，是为了使正弦值为整数(当时小数发展还不完善)。

纳皮尔关于对数研究结果的发表，震惊了伦敦的数学家布里格斯(1561—1630)，他最先认识到对数的重要性。他来到苏格兰，拜访纳皮尔，并建议将对数改良，以便计算。纳皮尔也有同感。不幸的是，第二年纳皮尔就去世了。布里格斯便以毕生精力，继承纳皮尔未竟事业，并于 1622 年出版《对数算术》，给出了以 10 为底的对数，即常用对数，还刊载了 1 至 20000 以及 90000 至 100000 的 14 位常用对数表。而 2000 至 9000 之间的常用对数表，是由荷兰数学家佛拉哥(1600—1666)完成的。

在发明对数这个问题上，纳皮尔还有一个对手，那就是瑞士的仪器制造者布尔吉独立地发明了对数并造出了对数表，比纳皮尔仅迟六年，其方法是代数的而不是几何的。

以前人们做乘法就用乘法，当数字较大时就很麻烦。发明了对数这个工具后，乘法可以化成加法，即：$\log_a(MN)=\log_a M+\log_a N$。

对数发明之后不到一个世纪，几乎传遍了全世界，成为不可缺少的计算工具。尤其是天文学家几乎以狂热的心情来接受这一发现。法国数学家拉普拉斯(1749—1827)说：

对数的发明以其节省劳动力而延长了天文学者的寿命。意大利科学家伽利略则说：给我空间、时间和对数，我即可创造一个宇宙。

拉普拉斯

伽利略

2. 自然对数

以 e 为底的对数称为自然对数(natural logarithm)，记作 $\ln N(N>0)$。这里的“自然”并不是现代人所习惯的“大自然”。

对数的底很多，为什么在科学技术中常用以 e 为底的对数，而不使用其他的对数，例如以 10 为底的对数呢？原来，在科学计算中，以 e 为底可使许多表达式得到简化。举例来说，以 e 为底的指数函数的导数等于其自身，这是唯一一个具有这个性质的函数，在计算中就极其方便、极其自然。e 还反映了指数增长的自然极限，这个极限是一个自然存在的超越数。我们还可以从自然对数最早是怎么来的来说明它有多“自然”。因此，用它是最“自然”的，所以叫“自然对数”。

早在纳皮尔用手工计算对数的时候，用的底数(当然，那时候完全没有底数这个概念)就是 $(1-10^{-7})^{10^7}$，用现代数学的概念，我们很容易知道这个数非常接近 1/e。事实上，前面已经介绍了，本质上纳皮尔对数就是以 1/e 为底的一种对数。只不过纳皮尔还没有清楚地认识到 e。

比尔吉在他的对数表中所涉及的底数是 $(1+10^{-4})^{10^4}$，这个数字非常接近 e 了。当然，比尔吉也没有认识到这就是 e。所以，e 被人们认识并不是一蹴而就的。

首先，在 1665—1668 年，牛顿、尼古拉斯·麦卡托(1620—1687)分别独立得到了 e 的无穷级数，也即 $e=1+\frac{1}{1!}+\frac{1}{2!}+\frac{1}{3!}+\cdots$(当时还没有明确地用字母 e 来表示这个数字)。麦卡托还在 1668 年出版的关于对数的专著《对数术》(*Logarithmo-technia*)中提到了“自然对数”这个名字。他第一次以拉丁文的形式 log naturalis 使用自然对数这个词。我们今天把以 e 为底 N 的对数记作 $\ln N$，正是 log naturalis 这个词两个首字母的缩写。

其次，在卡约里(1859—1930)的《数学符号史》中提到，1690—1691 年间，莱布尼兹在给惠更斯(1629—1695)的信中提到了今天 e 这个常数，不过当时莱布尼兹使用的字母是

b。这说明当时 e 的表示方式尚未得到确定，大家各自用自己想用的字母来表示 e。

之后，在大数学家欧拉 1727—1728 年的手稿中，专门使用了字母 e 表示这个常数，并且给出了这个常数的数值 2.7182817…。1731 年 11 月 25 日，欧拉在写给哥德巴赫(1690—1764)的信中，又一次明确提到了 e，并且指出 e 是使双曲对数(就是今天的自然对数)值为 1 的那个数(“e denotes that number whose hyperbolic logarithm is＝1”)。大约 1730 年，欧拉定义了互为逆函数的指数函数和自然对数函数。

到了 1742 年，终于由英国数学家琼斯(1675—1749)给出了实数范围内对数的定义(他曾在 1706 年第一次使用希腊字母 π 来表示圆周率)，这也正是我们今天关于对数的定义：已知 a 是不等于 1 的正数，如果 a 的 b 次幂等于 N，那么 b 叫做以 a 为底的 N 的对数。

卡约里

琼斯

欧拉

从上述历史过程可以看到，e 是伴随着对数被人们日益清楚地认识而自然而然地认识到的。历史上人们至少从两个角度不断推进对 e 的认识的。

在制作对数表的过程中更加深入认识 e。可能有人要问，为什么纳皮尔要选择 $p_0=10^7$ 这么大呢？这是因为如果选择太小的 p_0，那么制作出来的对数表的数据密度就会很低，很多数字从中找不到，不能很好地发挥计算工具的作用。

比如，如果选择 2 为对数的底数，那么取数值为 1 到 10 这 10 个数字的时候，对应的指数原值就从 $2^0=1$ 快速增长到 $2^{10}=1024$，那么如果希望用到 798 这样的数字，就找不到接近的对数原值了。

因此，选择对数的底数制作对数表的时候，理想情况是选择一个比 1 稍大一点点的数。后来，人们在制作对数表的时候，就越来越倾向于选择 $1+\frac{1}{10^n}$ 这样的底数。n 选择得越大，数据密度(某种意义上也体现了计算精度)就越大，利用价值就越大。

于是，就必然出现 $y=\log_{1+10^{-x}}x$ 的对数。当 y 取到 10^n 时，反推出来的 x 就会等于 $(1+10^{-n})10^n$。人们自然就会发现，随着 n 不断增加，这个数越来越趋向于一个确定的值，从而认识到这个数列存在极限，也就是 e，即 $e=\lim\limits_{n\to\infty}\left(1+\frac{1}{n}\right)^n$。

e的含义是单位时间内，持续的翻倍增长所能达到的极限值。e是一个无限不循环小数，其值约等于2.718281828459…，它是一个无理数，也是一个超越数。

与e有关的数学定理、公式太多了，可以说多如牛毛、数不胜数。这也是为什么e已经成为科学各学科领域中最重要的常数之一了。

例如，欧拉公式 $e^{i\pi}+1=0$，号称最优美数学恒等式，它将e、π、i、1和0组合在了一起，简洁、优美，含义深刻。

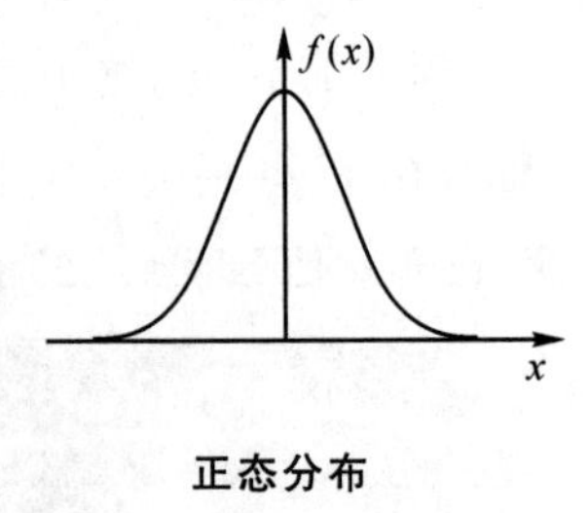

正态分布

再如，$\pi(x)$是不超过 x 的素数的个数。$\pi(x)=\lim\limits_{n\to\infty}\frac{x}{\ln x}$，这个公式中虽然没有显式出现e，但是出现了ln，其实就是隐式地出现了e。素数和e的这种联系很奇特，要知道素数是整数范畴的概念，属于离散数学，而e是分析范畴，属于极限和连续领域。它们之间居然有这么紧密的联系！

我们知道，正态分布用处太广泛了，而且根据中心极限定理，任何大量的独立变量之和都趋于正态分布。正态分布密度函数为 $f(x)=\frac{1}{\sqrt{2\pi}\sigma}e^{-\frac{(x-\mu)^2}{2\sigma^2}}$，其中 μ 是正态分布的平均值，σ 是标准差，σ^2 是方差。这里面e当仁不让地占据着核心地位。

2.5 方程

2.5.1 “方程”的由来

“方程”一词首先出现在《九章算术》方程章，其原意与今天所说的“含有未知数的等式”相差很远。李籍《音义》说：“方者，左右也。程者，课率也。左右课率，总统群物，故曰方程。”宋代杨辉（1227—1279）《详解九章算法》（1261）：“方者，数之形也；程者，量度之名，亦权衡丈、尺、斛、斗之平法也。尤课分明多寡之义。”明代程大位（1533—1606）《算法统宗》（1592）解释为：“方，正也。程，数也。”

“方”即方形，“程”是表达式。在某一问题中，将若干个相关的数据并肩排列成方形，则称为“方程”。早期的方程是指线性方程组的系数增广矩阵。

西算东来后，中国第一部代数学译本《阿尔热巴拉算法》中，译拉丁文 aequatio 为“相等式”。英语 equation 是由拉丁文 aequatio 演变而成，虽然其原意为等式，而后人如李善兰1850年则译 equation 为方程式。1872年，华衡芳译沃利斯《代数术》时，也称之为方程式。20世纪50年代以后，把方程式改为方程，方程一名才逐渐固定下来，专指含有未知数的等式。

方程中的等号"＝"是1557年牛津大学数学教授雷科德首创的。他说，为了避免用文字表示等号的枯燥，他就放两条同样长的线"＝"（他称之为一对双生子），因为任何两件东西，不可能比它们更相等。后来，莱布尼兹大量使用这个符号，才逐步被采用，沿用至今。中国古代用文字"得"或"等于"表示相等，清代李善兰把"＝"介绍到中国，但当时把这个符号写得很长，随着洋学堂的开办，为了与世界接轨，才使用了今天通用的符号"＝"。

2.5.2 方程组

从方程的原始意义来看，它是指线性方程组。最早对线性方程组取得突破性成就的是中国。在《九章算术·方程》中系统地记载了用"直除法"解线性方程组的过程。它没有字母或文字，而是用位置表示未知数，把未知数的系数放在一边，把常数项放在另一边，这样就构成了"方程"（用筹码表示）。如将：

$$\begin{cases} x+2y+3z=26 \\ 2x+3y+z=34 \\ 3x+2y+z=39 \end{cases} \quad \text{表示成} \quad \begin{matrix} 1 & 2 & 3 \\ 2 & 3 & 2 \\ 3 & 1 & 1 \\ 26 & 34 & 39 \end{matrix}$$

把每一列看成一组率，可同时扩大或缩小相同的倍数，并且可将某一列加到另一列上去，从而可用直除消元法求解。

刘徽在给《九章算术》作注（263）时，对线性方程组的理论做了深刻研究。他认为欲使方程有确定的解，必须使未知数的个数与方程的个数相同；各方程间既不能有相依方程，也不能有矛盾方程，最好有一定的实际依据。刘徽对线性方程组的求解十分熟练，他认为若用直除消元法不方便时，可用消常数项法，即先消去各方程的常数项，求得各未知数的比，再用代入法即可求得。

1247年，秦九韶在《数书九章》中提出了"互乘消元"法（即今天的加减消元法）和"代入消元"法，从而使初等数学范围内的线性方程组理论基本确定。

克莱姆

印度至7世纪方讨论了三元一次方程组的解法。欧洲对线性方程组的认识较迟，16世纪法国的布丢讨论了三元一次方程组的解法，1750年瑞士数学家克莱姆（1704—1752）才建立了线性方程组的一般理论。

2.5.3 盈不足术

《九章算术》第七章为盈不足。盈不足问题可表述为下面的数学模式：

"今有许多人凑钱买一件东西，每人出，多；每人出，不足。问人数、物价各是多少？"

《九章算术》列算筹表达式为$\begin{pmatrix} a_1 & a_2 \\ b_1 & b_2 \end{pmatrix} \rightarrow \begin{pmatrix} a_1b_2 & a_2b_1 \\ b_1b_2 & b_1b_2 \end{pmatrix}$，给出答案：$x=\dfrac{b_1+b_2}{a_1-a_2}$，$y=\dfrac{a_1b_2+a_2b_1}{a_1-a_2}$，从而人出钱数为$\dfrac{a_1b_2+a_2b_1}{b_1+b_2}(a_1>a_2)$。

盈亏类问题包括"盈、不足""两盈""两不足""盈、适足""不足、适足"五种情形，《九章算术》都给出了详细的解答。有了它，就可以通过两次假设，将一般问题转化为盈亏问题，进而可以按照固定的数学模式和演算程序求解，体现了中国传统数学的算法化与程序化思想。如下列问题：

已知漆 3 升可换油 4 升，油 4 升可和(huó)漆 5 升。现在有漆 30 升，想从中拿出一部分漆换油，使得换得的油正好和余下的漆。问：出漆、得油、和漆各多少？

按现在的解法是用三元(或二元)一次线性方程组求解，其过程还是较复杂的。但用盈不足术则方便多了。

不妨设出漆 $a_1=9$ 升，则可得油$\dfrac{4\times9}{3}=12$(升)，和漆$\dfrac{5\times12}{4}=15$(升)，知不足 $b_1=30-9-15=6$(升)；若设出漆 $a_2=12$ 升，则可得油$\dfrac{4\times12}{3}=16$(升)，和漆$\dfrac{5\times16}{4}=20$(升)，知盈 $12+20-30=2$(升)。由盈不足术，得出漆$\dfrac{9\times2+12\times6}{6+2}=\dfrac{90}{8}=11\dfrac{1}{4}$(升)。从而得油 15 升，和漆 $18\dfrac{3}{4}$升。

盈不足术不仅可以求线性问题的精确解，而且还可以用来求非线性问题的近似解，例如，已知蒲出芽后第一天长三尺，莞出芽后第一天长一尺。此后，蒲的生长长度逐日减半，莞则逐日加倍。问：要几天它们的长度相等？

若用现代方法求解，当归结为指数方程 $2^{2x}-7\cdot2^x+6=0$，解得 $x=\log_2{}^6\approx2.59$(日)。这不仅在列方程上，而且在求解上都有一定的难度。若用盈不足术求解不仅简单，而且也十分精确：

假设 $a_1=2$ 日，得蒲长为 $30+15=45$(寸)，莞长为 $10+20=30$(寸)，故不足 $b_1=45-30=15$(寸)；再假设 $a_2=3$ 日，得蒲长为 $30+15+7\dfrac{1}{2}=52\dfrac{1}{2}$(寸)，莞长为 $10+20+40=70$(寸)，则知盈 $b_2=70-52\dfrac{1}{2}=17\dfrac{1}{2}$(寸)。依盈不足术得日数为$\dfrac{2\times17\dfrac{1}{2}+3\times15}{15+7\dfrac{1}{2}}=2\dfrac{6}{13}$(日)。

盈不足术事实上相当于现代求方程实根近似值的"弦位法"(或称"双假设法")。设

$f(x)$是区间$[x_1,x_2]$上的单调连续函数,$f(x_1)\cdot f(x_2)<0$,那么方程 $f(x)=0$ 在$[x_1,x_2]$内的根的近似值为:

$$x_0=\frac{x_2 f(x_1)-x_1 f(x_2)}{f(x_1)-f(x_2)}=x_2+\frac{(x_2-x_1)f(x_2)}{f(x_1)-f(x_2)}=x_1+\frac{(x_2-x_1)f(x_1)}{f(x_1)-f(x_2)}$$

当 $f(x)$为一次函数时,x_0 为精确解,否则为近似解。

2.5.4 一元二次方程的根式求解

在大约公元前 2000 年的巴比伦泥板上已涉及类似于一元二次方程问题,但其求解方法不是用公式法,而是用平方表来凑和。古埃及在大约公元前 2000 年也有类似问题,但其解法也不是用求根公式,而是用试位法。

《九章算术》勾股章第 20 题相当于解方程 $x^2+34x=71000$,解的步骤相当于求根公式 $x=\frac{-34+\sqrt{34^2+4\times71000}}{2}$,这是中国解一元二次方程的起源。公元 3 世纪,赵爽(约 182—250)在《勾股圆方图注》中对形如$-x^2+bx=c(b>0,c>0)$的二次方程给出了求解的步骤,这一步骤相当于公式 $x=\frac{b-\sqrt{b^2-4c}}{2}$。

赵爽

张遂

唐代天文学家、数学家张遂(683—727)和南宋数学家杨辉(1227—1279),分别就一元二次方程 $x^2+bx=c$ 和 $x^2-bx=c(b>0,c>0)$,给出了相应的求正根的步骤,但中国解一元二次方程的传统方法,是"开带从平方法"。上述提到的求解步骤,只是在一些具体方程中偶尔使用,并且这种步骤的来源多是开带从平方法的副产品。由于开带从平方法运算程式整齐、直截了当,因此求根公式法没有被中国古代数学家所器重,加之缺乏相应的代数符号,它就无法在中国发展到成熟的地步。

古希腊数学家海伦(公元 62 年左右)用配方法解形如 $ax^2+bx+c=0$ 的方程,他一反古希腊的几何式证明与求解,把代数看作是实用算术的推广,其求解步骤相当于:

(1)用乘方程的两边,得 $a^2x^2+abx=ac$;

(2)方程两边都加上$\left(\frac{b}{2}\right)^2$，得$(ax)^2+abx+\left(\frac{b}{2}\right)^2=ac+\left(\frac{b}{2}\right)^2$；

(3)使两边都写成完全平方，得$\left(ax+\frac{b}{2}\right)^2=\left(\sqrt{ac+\left(\frac{b}{2}\right)^2}\right)^2$；

(4)两边开方，得$ax+\frac{b}{2}=\sqrt{ax+\left(\frac{b}{2}\right)^2}$。

海伦

于是，得正根$x=\frac{\sqrt{ac+\left(\frac{b}{2}\right)^2}-\frac{b}{2}}{a}$。约公元3世纪丢番图在其名著《算术》中，也导出了上述方程的求解步骤，其方法与海伦相似，很可能是从海伦那里继承下来的。

7世纪，印度的婆罗摩笈多用配方法也给出了与海伦类似的求解公式。摩河毗罗(9世纪)的配方法是两边同乘以$4a$而不是a，这样可使根号里面不出现分数，从而得$x=\frac{\sqrt{4ac+b^2}-b}{2a}$。

婆什迦罗在他的名著《丽罗瓦提》(1150)中对二次方程作了深入讨论，他至少在以下三个方面发展了他前辈的成就：

(1)把婆罗摩笈多的公式予以完整而又清楚地表达。

(2)给方程$ax^2+bx=c$，$bx+c=ax^2$，$ax^2+c=bx$($a>0$，$b>0$，$c>0$)三种形式以统一的求解公式，实际上就等于给出了方程$ax^2+bx+c=0$的求根公式$x=\frac{-b\pm\sqrt{b^2-4ac}}{2a}$。

(3)确认二次方程有两个根，承认负根的存在。但在应用问题中，又认为负根不合理，舍弃不用。

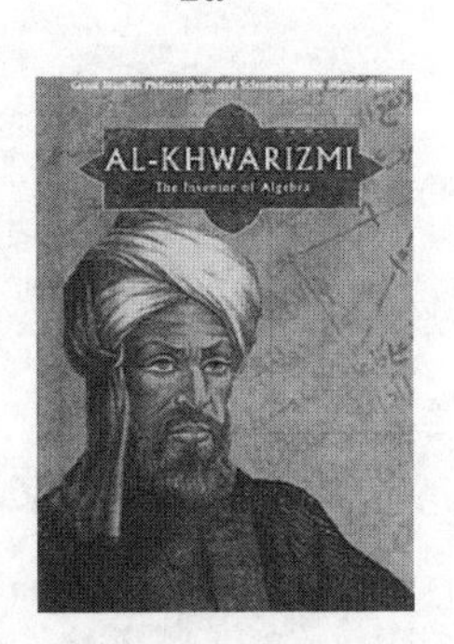

花拉子模

阿拉伯在二次方程的根式求解方面最有贡献的是阿尔·花拉子模。他是阿拉伯数学史初期最重要的代表人物，曾摘录过印度学的天文表，编辑了阿拉伯最早的天文表，校对了托勒密(约90—168)的天文表，编著了阿拉伯的书籍算术和代数。在代表作《代数学》(9世纪)中，他把一些实际问题都转化为一次或二次方程的求解问题，并以文字叙述的方式，系统地讨论了下列六种方程的解法：

$$bx=c，ax^2=bx，ax^2=c，ax^2+bx=c，ax^2+c=bx，bx+c=ax^2(a>0，b>0，c>0)$$

他的基本思想还是配方法，他已认识到二次方程有两个根，但只承认正根，放弃负根和零根。同中国相似，他注重实际应用而不是理论，他讲述问题的方法是通过具体例子来进行的，并配有几何证明。每个例子都十分典型，只要掌握这一特点，该类问题都可依法求解，读者很容易掌握。但他在对问题的系统分类和求解方法的详细解释上，又颇受古希腊数学的影响。正是从这个意义上，花拉子模被冠以“代数学之父”的称号。

《代数学》中着重讲述以上六种方程的几何证明。对于方程 $x^2+10x=39$，花拉子模给出了两种不同的证明，我们不妨取其中一种来看看：

在边长为 x 的正方形的四个边上向外作边长为 x 和 $\frac{10}{4}$ 的矩形，再把这个图补成边长为 $x+5$ 的正方形。这里，大正方形的面积为 $x^2+10x+25$，又由已知 $x^2+10x=39$，所以大正方形的面积为 64，因此其边长为 8，从而 $x=8-\frac{10}{4}-\frac{10}{4}=3$。

对于一般方程 $x^2+px=q(p,q>0)$ 来说，这种几何证明对应的代数变形是：

$$x^2+4\left(\frac{p}{4}\right)x+4\left(\frac{p}{4}\right)^2=q+4\left(\frac{p}{4}\right)^2,$$

$$\left(x+2\cdot\frac{p}{4}\right)^2=q+4\left(\frac{p}{4}\right)^2,$$

$$x=\sqrt{q+\left(\frac{p}{2}\right)^2}-\frac{p}{2}$$

在讲述了六种类型的方程及其几何证明之后，花拉子模借助“还原”与“对消”两种变换，把所有其他形式的一次、二次方程都能化为这六种标准方程，进而彻底解决了一元一次和一元二次方程的求解问题。而他能做到这一点的法宝是“还原”与“对消”这两种变换。从此，这两种变换被长期保持下来，并转化为今天解方程的两种基本变换：移项（还原）与合并同类项（对消）。

当然，《代数学》也有明显的不足，书中完全不使用字母符号，而用文字语言来叙述。这一点比印度人甚至比丢番图倒退了一步。书中所列举的问题比较简单，远不及丢番图《算术》的水平。那么，为什么《代数学》有如此大的影响，使欧洲人几个世纪以来一直把它奉为代数教科书的鼻祖呢？这是因为，《代数学》所阐述的问题具有一般性；全书逻辑严密，系统性强，易学易懂；它不仅讲理论，而且还指出了它的应用。《代数学》基本上建立了解方程的方法，并为代数学提供了方向。此后，方程的解法作为代数的基本特征，被长期保持下来。

2.5.5 一元三次方程与一元四次方程的根式求解

同二次方程的求解一样，大约公元前 1800 年的巴比伦是用平方和立方表的凑和来解形如“$x^3+x^2=c^2$”的方程的。丢番图也曾处理过个别三次方程，但方法十分特殊，且只给出正根，他没有在寻找三次方程的公式解上花工夫。

中国《九章算术》中，用“开带从立方法”来求形如 $x^3+px^2+qx=N(p>0,q>0,N>0)$ 的正根，当 x 不为整数时，求得的是近似值，对四次方程也一样。据说祖冲之的《缀术》中介绍了系数不全为正数的三次方程的解法，可惜《缀术》早已失传，其方法也无从查考。唐代数学家王孝通的《缉古算经》(7 世纪)中，载有不少需用三次方程求解的实际问题，这些问题的基本形式也是 $x^3+px^2+qx=N$。对于这些方程的具体解法，王孝通没有说明，是秘而不传还是同《九章算术》的解法一样，不得而知。

緝古算經一卷唐太史丞王孝通撰并注其上表稱
伏尋九章商功篇有平地役功受袤之術至於上寬
下狹前高後卑正經之內闕而不論遂於平地之餘
續狹邪之法云云凡高臺羨道築隄穿河等二十術
皆以從立方開之西法詳句股開方而無帶從同文
算指有帶從平方而無立方梅定九補帶從立方三
術稱爲至密實未見此書也且梅氏所舉皆正體立
方猶易布算此則斜袤廣狹割截附帶以法御之無
不曲中可謂思極豪芒妙入無間者矣今以其術考
之立法之要在求小數以各差加小數而得大數蓋

《缉古算经》卷一

印度数学家婆什迦罗曾提到这样的三次方程：$x^3+12x=6x^2+35$，这只需改成 $x^3-6x^2+12x-8=27$，两边都为完全立方。所以其方程太特殊，解法不具一般性。他所给出的四次方程 $x^4-2x^2-400x=9999$ 也是十分特殊的，这只需在两边都加上 $4x^2+400x+1$，则得 $(x^2+1)^2=(2x+100)^2$，从而可化为二次方程，当然他只取 $x^2+1=2x+100$。总之，印度人没有提出一般性的求解方法。

中亚细亚地区值得一提的是斯波人奥玛·海亚姆(1048—1131)。他是一位诗人和自由思想家，同时也是一流的数学家和天文学家。1079 年，他写成《代数学》一书，详尽地研究了三次方程，并指出了用圆锥曲线解三次方程的方法。他的方法是中世纪数学的最大成就之一，也是希腊圆锥曲线论的发展。海亚姆把所有正系数的三次方程分成各种类型，然后分别通过各种不同的圆锥曲线的交点来求解。如方程 $x^3+bx=c$，海亚姆首先令 $b=p^2, c=p^2r$，使方程变成 $x^3=p^2(r-x)$，这个方程可以看作 $x^2=py$ 是 $y^2=x(r-x)$ 与消去 y 后的结果，其中 $x^2=py$ 的图形是一条抛物线，$y^2=x(r-x)$ 的图形是一个圆。令这两个方程联立，在图形上得到一个交点，这个交点的横坐标就是原方程 $x^3+bx=c$ 的根。

奥玛·海亚姆

海亚姆当时还没有坐标的概念，他是采用先画出一条正焦弦为 b 的抛物线，然后在长度为 r 的直径 QR 上作半圆，抛物线与半圆的交点为 P，再从 P 向直径 QR 作垂线 PS，于是 QS 便是三次方程的解。

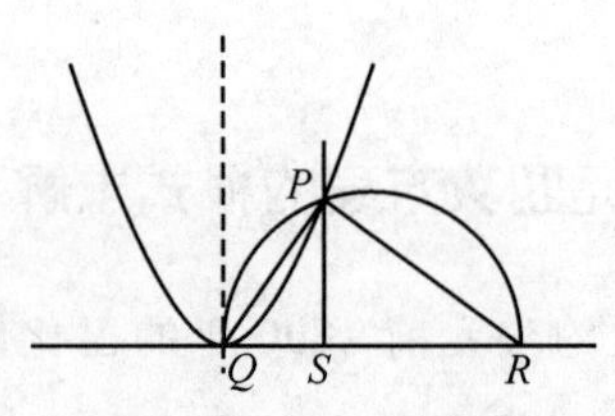

对形如 $x^3+ax^2=c^3$ 的方程，他是用一条双曲线和一条抛物线的交点定出来的。他解 $x^3\pm ax^2+b^2x=b^2c$，是用一个椭圆和一条双曲线的交点定出来的；他还解出四次方程 $x^4+2000x=20x^3+1900$，是用一条双曲线和一个圆的交点定出的。对于所有方程，海亚姆只用线段的长度给出正根，从而排斥了其他解的可能，这是其解法之不足。

13 世纪，意大利数学家斐波那契(1175—1250)在求三次方程 $x^3+2x^2+10x=20$ 的解时，论证了此方程的根不能用欧几里得的无理量来表示，即没有能用直尺和圆规作出的根。1494 年，意大利数学家帕西奥里(1445—1517)又提出解方程 $x^3+mx=n$ 和 $x^3+n=mx$ 是不可能的，就像解答化圆为方的作图题一样。这一观点的提出非但没有阻止人们去解三次方程，反而促使许多学者致力于三次方程的求解。

斐波那契

16 世纪，欧洲文艺复兴运动解放了思想，发展了经济，又促进了数学的发展。代数方程论也有进一步的突破。大约在 1515 年，意大利波仑亚大学教授费尔洛(1465—1526)用代数成功地解出了不含二次项的三次方程 $x^3+mx=n(m>0,n>0)$，但是他没有公开发表，只在去世前，将这个秘密传授给他的学生菲俄。1535 年，威尼斯一位自学成才的数学家塔塔利亚(原名丰坦纳，1499—1557)宣称已发现了不含一次项的三次方程 $x^3+px^2=q$ 的代数解法。菲俄认为这不过是虚张声势，因而提出向他挑战，要求进行一场公开的竞赛，在规定时间内，求解由两个竞赛者按事先安排而提出的 30 个三次方程。塔塔利亚接受了挑战，全力以赴进行了准备。在竞赛的前几天，他发现了不含二次项的三次方程 $x^3+mx=n$ 的解法，结果在 2 小时内完卷获胜。他的解法是：

设 $x=\sqrt[3]{t}-\sqrt[3]{u}$，则 $x^3=-3\sqrt[3]{t}\sqrt[3]{u}(\sqrt[3]{t}-\sqrt[3]{u})+t-u$。

和 $x^3=-mx+n=-m(\sqrt[3]{t}-\sqrt[3]{u})+n$ 比较，有 $m^3=27tu,n=t-n$。

由此知 $t=\sqrt{\left(\frac{n}{2}\right)^2+\left(\frac{m}{3}\right)^3}+\frac{n}{2}$，$u=\sqrt{\left(\frac{u}{2}\right)^2+\left(\frac{m}{3}\right)^3}-\frac{n}{2}$。

由此得 $x^3+mx=n(m>0,n>0)$ 的解。

1539 年，卡丹(1501—1576)向塔塔利亚求教，后者用隐语诗形式告知三次方程解法，而且要求对第三者保守秘密。卡丹立下誓言，决不泄密。

塔塔利亚

卡丹

后来，卡丹认为没有必要把科学成果禁锢在小圈子里。经过加工整理，1545 年在《大术》一书中公布了三次方程的解法，后世常把这一求根公式叫作卡丹公式，而塔塔利亚却被人遗忘了。

卡丹以 $x^3+6x=20$ 为例，给出了方程 $x^3+mx=n$ 的解法，其步骤大体如下：

考虑恒等式 $(a-b)^3+3ab(a-b)=a^3-b^3$，若取 a,b 使 $3ab=m, a^3-b^3=n$，则 $x=a-b$。由此得出：

$$a^3=\frac{n}{2}+\sqrt{\left(\frac{n}{2}\right)^2+\left(\frac{m}{3}\right)^3},\quad b^3=-\frac{n}{2}\sqrt{\left(\frac{u}{2}\right)^2+\left(\frac{m}{3}\right)^3}$$

于是 $x=\sqrt[3]{\frac{n}{2}+\sqrt{\left(\frac{n}{2}\right)^2+\left(\frac{m}{3}\right)^3}}-\sqrt[3]{-\frac{n}{2}+\sqrt{\left(\frac{n}{2}\right)^2+\left(\frac{m}{3}\right)^3}}$，对一般的三次方程 $ax^3+bx^2+cx+d=0$，通过代换 $x=z-\frac{b}{3a}$，变形为 $z^3+mz=n$ 的形式。所以上述解法具有一般性。

卡丹（还有塔塔利亚）在解出 $x^3+mx=n$ 之后，又解出了三种特殊类型的方程：$x^3=mx+n$，$x^3+mx+n=0$，$x^3+n=mx$。所以这样分类，一方面是由于那时欧洲人写的方程中只含有正数的项；另一方面是由于他必须对每种情形所用的法则分别给出几何上的说明。

16 世纪法国数学家韦达就三次方程 $x^3+3ax=2b$，又提出了一种代数解法（1615 年才发表）：设 $x=\frac{a}{y}-y$，得 $y^6+2by^3=a^3$，这是关于 y^3 的二次方程。因此可求出 y^3，然后求出 y，最后求出 x。

1732 年，欧拉全面研究了卡丹的有关工作，强调三次方程有三个根，并指出怎样求出这三个根。至此，三次方程的求根公式的探索工作才圆满完成。

三次方程成功地解出之后，接着立即成功地解出了四次方程。解法是卡丹的学生费拉里（1522—1565）给出的，并发表在卡丹的《大术》中。设方程是 $x^4+bx^3+cx^2+dx+e=0$，移项后得：

$$x^4+bx^3=-cx^2-dx-e$$

欧拉

在两边都加上 $\left(\frac{1}{2}bx\right)^2$ 后配成平方得

$$\left(x^2-\frac{1}{2}bx\right)^2=\left(\frac{1}{4}b^2-c^2\right)x^2-dx-e,$$

两边再加上 $\left(x^2+\frac{1}{2}bx\right)y+\frac{1}{4}y^2$，得

$$\left(x^2+\frac{1}{2}bx\right)^2+\left(x^2+\frac{1}{2}bx\right)y+\frac{1}{4}y^2$$
$$=\left(\frac{1}{4}b^2-c^2+y\right)x^2+\left(\frac{1}{2}by-d\right)x+\frac{1}{4}y^2-e \tag{2-3}$$

若右边关于 x 的二次式的判别式为零,则可使右边成为 x 的一次式的完全平方。于是设 $\left(\frac{1}{2}by-d\right)^2-4\left(\frac{1}{4}b^2-c^2+y\right)\left(\frac{1}{4}y^2-e\right)=0$ 是 y 的一个三次方程,利用三次方程的解法解之,并任取一个 y 代入式(2-3),就可将原来的四次方程化为两个二次方程。

1637 年,笛卡尔利用待定系数法求解形如 $x^4+bx^2+cx+d=0$ 的方程。设方程右边为 $(x^2+kx+h)(x^2-kx+m)$,则得 k,h,m 的三个等式,从中消去 h 和 m,便得 k 的一个六次方程,也可以看作关于 k^2 的三次方程,于是求解四次方程转化为求解三次方程。

笛卡尔

2.5.6 高次方程数值解

《九章算术》和《缉古算经》中都有求二次和三次方程数值解的记述,其原理与现代的开方法原理是一样的。对于形如 $x^2=A,x^3=B(A>0,B>0)$ 的方程称为开平方或开立方;对形如 $x^2+bx=c,x^3+bx^2+cx=d(b,c,d>0)$ 的方程称为开带从平方或开带从立方。这种求解方程的思想为求高次方程的数值解打下了基础。以解三次方程 $x^3=1860867$ 为例,列表如下。

程序	几何意义	代数意义
1	求正方体边长 x,使其体积为 1860867	解三次方程 $x^3=1860867$
2	改以 100 作为长度单位 $x=100x_1$	缩根变换:$x=100x_1$,方程变为 $1000000x_1^3=1860867$
3	割去边长是 $100[x_1]$ 的正方体,这里 $[x_1]=1$,余下体积 860867	估计 $1<x_1<2$,取 $[x_1]=1$。减根变换:$y=x_1-[x_1]$ 方程变为: $1000000y^3+3000000y^2+3000000y=860867$

续 表

程序	几何意义	代数意义
4	改以 10 作为长度单位 $y_1=10y$	扩根变换：$y_1=10y$，方程变为 $1000y_1^3+30000y_1^2+300000y_1=860867$
5	割去壁厚是 $10[y_1]$ 的三壁体 $z=y_1-[y_1]$，这里 $[y_1]=2$，余下体积为 132867	估计 $2<y_1<3$，取 $[y_1]=2$，减根变换：$z=y_1-[y_1]$，方程变为： $1000z^3+36000z^2+432000z=132867$
6	改以 1 作为长度单位。$z_1=10z$，并割去壁厚是 $[z_1]=3=z$ 的三壁体，无余数	扩根变换：$z_1=10z$，方程变为： $z_1^3+360z_1^2+43200z_1=132867$，减根变换：$u=z_1-[z_1]$，$[z_1]=3u^3+363u^2+44289u=0$

由于中国古代十分重视实际计算，且对实数的认识相当完善，所以从 11 世纪开始逐步摸索到了求高次方程数值解的一般规律。

首先贾宪(11 世纪)发明了“增乘开方法”解方程 $x^n=A(n\geqslant 2,A>0)$，它不是利用二项式定理，而是通过随乘随加，获得减根方程。比传统的方法整齐，又更具程序化。如解 $Ax^2+Bx^2+Cx=D$，程序如下：

三次	二次	一次	常数项	初商
A	B	C	$-$D	y
	Ay	(B+Ay)y	((C+B+Ay)y)y	
A	B+Ay	C+(B+Ay)y	$-$D+(C+(B+Ay)y)	y
	Ay	C+(2B+3Ay)y		
A	B+2Ay	C+(2B+3Ay)y		
	Ay			
A	B+3Ay	C+(2B+3Ay)	$-$D+(C+(B+Ay)y)	(2-4)

式(2-4)就是减根方程。按同样的程序继续开方，可获得方程根的下一个有效数字，直至得到所求方程的根。贾宪的著作早已失传，幸而，宋代杨辉在《详解九章算法》中详细记载了贾宪的这一方法。如方程 $x^4=1336336$，易知方程的根 x 是二位数，故设 $x=10x_1$，将原方程化为 $10000x_1^4=1336336$，用现代符号记之，其过程如下：

1000	0	9	0	−1336336	3
	30000	90000	270000	810000	
1000	3000	9000	270000	−526336	
	30000	180000	810000		
1000	60000	270000	1080000		
	30000	270000			
10000	90000	540000			
	300000				
10000	120000	540000	1080000	−526336	
1	120	5400	1080000	−526336	4
	4	496	23584	526336	
1	124	5896	131584	0	

从而 $x=3\times10+4=34$。

贾宪增乘开方法不仅具有机械化和程序化，而且很容易推广到求任意高次方程的数值解。贾宪在解方程时，反复地遇到二数和的任意次方的展开问题，由此他发现了展开后的系数规律，造了一张数表，叫做“开方作法本源”，包括0次到6次的二项式展开式的全部系数。过去在西方称之为帕斯卡三角形(1653)。今天，我们称之为贾宪三角形。

12世纪，北宋数学家刘益在《议古根源》(约1080)中，讨论了20多种方程的解法，出现了负系数和首项系数不为1的情况，使高次方程的数值解更具一般性(称为正负开方术)。如方程 $-5x^4+52x^3+128x^2=4096$ 的解法，用现代符号表示，相当于：

①	−5	52	128	0	−4096	4
+		−20	128	1024	4096	
②	−5	32	256	1024	0	

结果 $x=4$。上述①是列式，②是试商。经增乘开方使常数项为0。整个过程的代数意义为：

$$(-5x^4+52x^3+128x^2-4096)\div(x-4)=-5x^3+32x+256x+104$$

13世纪，数学家秦九韶、李冶进一步对正负开方术作整理提高，在解题技巧上也有新的突破。如秦九韶为避免方程中出现无理数，而采取对问题进行变换的办法。系数可正可负，当开方得不尽方根时，采用退位开方，以十进小数来近似表示方程的根。至此，中国对任意次多项式方程的正根数值解问题已全部解决。

秦九韶

李冶

1819 年,英国的一位中学教师霍纳(1786—1837)在伦敦皇家学会上宣读了一篇论文,题为《连续近似解任意次数字方程的新方法》。英国人很珍视这一成果,称它为“霍纳法”,实质上,这一方法就是中国的增乘开方法。

2.5.7 设未知数列方程与符号代数

初等代数是以解方程为中心发展起来的。但早期的数学只讲方程的表示法与方程的解法,很少谈及设未知数列方程。随着方程理论的发展,寻求建立方程的一般方法就成为一个不可回避的问题。13 世纪,中国数学家李冶著《测圆海镜》(1248)、《益古演段》(1259),在前人基础上,系统地整理了天元术的理论。他用天、地等表示未知数(称为天元),用两个多项式相消得方程,给出了建立方程的一般法则。至 14 世纪,朱世杰著《四元玉鉴》(1301),在天元术和正负开方术的基础,又提出了四元术四元高次方程组的布列和求解。他用天、地、人、物表示 4 个未知数,用与天元术类似的方法列出 4 个方程,然后消去 3 个未知数化为一元高次方程,再用正负开方术求解。这种求解多元高次方程组的方法,西方直到 1775 年才由别朱(1730—1783)给出。

朱世杰

代数学的破突性发展是建立一套有效的符号体系。早在 3 世纪,丢番图曾发明了一套缩写符号,此后,意大利的帕西奥里、德国的斯蒂费尔、荷兰的斯台文都曾对符号的改进做出过贡献。第一个有意识、系统地使用字母符号的人是法国的韦达。他生于法国的普瓦图(Poitou)地区,1560 年获法学学士学位,后来成为与宫廷有重要联系的律师。他主要利用业余时间从事数学研究,并著有《分析学引论》。在数学符号方面,他不仅用辅音和元音字母分别表示已知量和未知量,而且还用字母

韦达

表示未知量的乘积和一般的系数。用 A quadratus，A cubus 表示 $x2$、$x3$。再如，大括号{　}这个符号(英文名称：brace)，又称花括号，也是韦达创立的。当韦达提出类的运算与数的运算的区别时，就已规定了代数与算术的分界，于是代数就一下子成为研究一般类型的形式和方程的学问，为代数学的发展开辟了道路。正因为如此，在欧洲韦达被尊称为“代数学之父”。

继韦达之后，笛卡尔又对符号作了改进。他用字母表中前面的字母 a,b,c 等表示已知量，用末尾的一些字母 x,y,z 等表示未知量，成为现今的习惯用法。此后，莱布尼兹再次对符号作了改进，并创造了一套简便实用的符号系统。

今天，我们通常把含有未知数的等式叫方程，这里所说的方程特指代数方程，除此之外，还有超越方程、微分方程、差分方程、积分方程等，其中许多方程不是代数的内容，那么为什么有人会说代数学是以解方程为中心的学科呢？主要是因为历史上关于代数方程的知识在微积分等近代数学分支建立以前就早有研究了，那时几乎没有微分方程、差分方程、积分方程等。

2.5.8 方程的根与系数的关系

1.“根”“系数”两个词的由来

任何一个 n 次代数方程：

$$\sum_{i=0}^{n} a_i x^i = 0, a_n \neq 0, a_i \in \mathbf{R}, i = 0,1,2,\cdots,n$$

都有 n 个根，不妨记为：x_i，$i=1,2,\cdots,n$，则方程可表示为：

$$(x-x_1)(x-x_2)\cdots(x-x_n)=0,$$

即

$$x^n - x^{n-1}\sum_{i=1}^{n} x_i + \cdots + (-1)^n \prod_{i=1}^{n} x_i = 0.$$

比较上式与原方程，可以得到方程的根与系数的关系：

$$\sum_{i=1}^{n} x_i = -\frac{a_{n-1}}{a_n}, \cdots, \prod_{i=1}^{n=} x_i = (-1)^n \frac{a_0}{a_n}$$

一元多项式方程的解称为方程的根，源于花拉子模的《代数学》(9 世纪)。在这本书中，他在关于一元二次方程的表述中，常常将未知数的平方简称为平方，而将未知数本身称为根。他用 mal 称呼一个数的平方，用 jadhr 来称呼数的平方根。jadhr 在阿拉伯语中意思就是“(植物的)根”。后来这个词被拉丁语译者译为 radix(从中衍生出了英语词汇 radical。现代代数学中亦有“环/理想的根”的概念，其英语即为 radical，尔后又在英语中被称为 root，这样在中文里就被翻译为根。

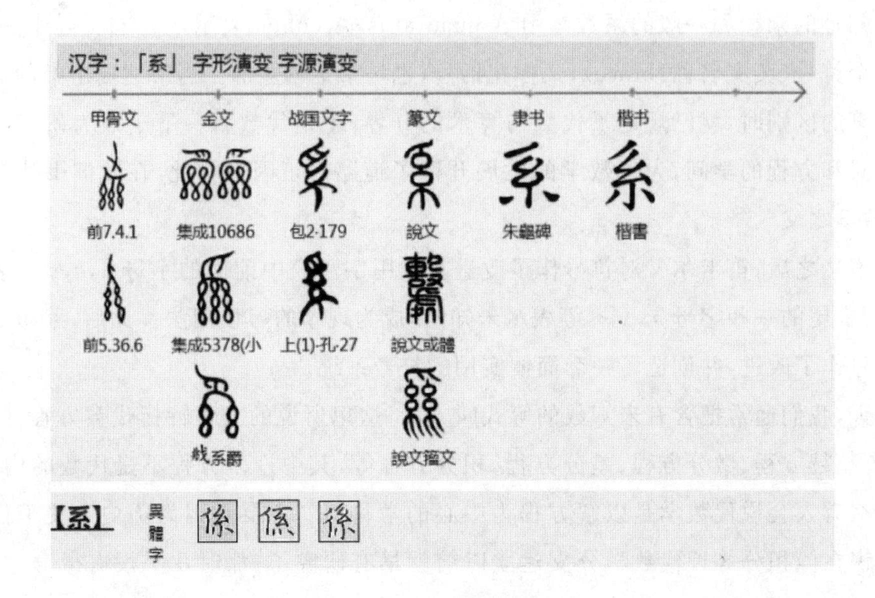

“系”的演变

由以上“系”的演变可知，束丝之形是(mì)糸之范式，《说文解字》说：“系，繫(jì)也。从糸、丿声。”本意是结、扣。引申为“有联属关系的”。

系数指代数式的单项式中的数字因数。系数是由英文 coefficient 翻译来的。coefficient 这个词就是法国数学家韦达所创造的，它由前缀 co 和 efficient 组合而成，可以理解为“一起实现”，即“和变量一起实现了整个结果”。正因为“系”表示“有联属关系的”的意思，清代数学家李善兰就把 coefficient 翻译成中文“系数”，直接理解就是“与变量连在一起的那个数”，很形象，很贴切，也便于理解。

2. 根与系数的关系

卡丹在解三次方程时对根与系数的关系有所认识，但由于他坚持方程的系数取正数，故缺乏一般性。最早明确给出方程的根与系数的关系的是韦达。1615 年，韦达在《论方程的识别与订正》中比较系统地使用代数符号，改进了一元三次和四次方程的解法。对二次和三次方程他给出了方程的根与系数之间的关系，今天我们称之为韦达定理。这个定理为一元方程的研究奠定了基础，为一元方程的应用开拓了新的空间。

韦达定理最重要的贡献是对代数学的推进，它最早推进了方程论的发展，用字母代替未知数，指出了根与系数之间的关系。因此，人们把这个关系称为韦达定理。

韦达之后，荷兰数学家吉拉德(1595—1632)和英国数学家哈里奥特也都谈到这一关系，但谁也没有给出证明。在笛卡尔给出因式定理和高斯证明了代数基本定理之后，这一证明方才给出。

根与系数的另一问题是指不解方程而按照它的系数去探索它的根的一些性质，这包括实根的存在与多少、正负根的个数及根所在的范围。

1637年笛卡尔提出了著名的"笛卡尔符号法则":实系数方程 $f(x)=0$ 的正根的个数最多等于方程系数变号的次数。此后,高斯进一步提出并证明了更完整的符号法则:

对实系数方程,如果它的一切根都是实的,那么它的正根个数(含重数)等于方程的系数变号的次数;如果它有复根,那么正根个数等于这个变号数或比这个变号数小某一偶数。

系数数列及其变号数是这样确定的:如方程 $5x^4-8x^3+7x=0$ 系数数列是 $1,\underbrace{3,-5}_{\text{变号}},\underbrace{-8,7}_{\text{变号}},2$,变号数为2。

1835年,瑞士数学家斯图姆(1803—1855)就实系数多项式方程的实根进行了研究,提出了斯图姆定理。

斯图姆

他设 $f(x)$ 是一个实系数但没有重根的多项式,$f_1(x)=f'(x)$。用 $f_1(x)$ 除 $f(x)$,并用 $f_2(x)$ 表示由这个除法所得到的余式反号后的多项式。然后用 $f_2(x)$ 除 $f_1(x)$,用 $f_3(x)$ 表示余式反号后的多项式,等等。即

$$f(x)=q_0(x)f_1(x)-f_2(x)$$

$$f_1(x)=q_1(x)f_2(x)-f_3(x)$$

$$f_2(x)=q_2(x)f_{31}(x)-f_4(x)$$

……

易证所作数列中最后一个非零多项式 $f_2(x)$ 是一个常数K,并称这个数列为斯图姆链,其中的函数统称为斯图姆函数。这些函数有以下特征:

(1)在区间的任何点上,两个相邻的函数不同时为零;

(2)在一个斯图姆函数的零点上,相邻两个函数异号。

据此,斯图姆证明了:若 a,b 是给定区间的两个端点($a<b$),且不是 $f(x)$ 的根,将 a、b 分别代入斯图姆函数链,可得两串实数列:

$$f(a),f_1(a),f_2(a),\cdots,f_{s-1}(a),\mathrm{K}; \quad (2\text{-}4)$$

$$f(b),f_1(b),f_2(b),\cdots,f_{s-1}(b),\mathrm{K}。 \quad (2\text{-}5)$$

设数列(2-4)(2-5)的变号数分别为 A、B,则 $f(x)$ 在 a,b 之间的实根个数等于 $A-B$。

斯图姆定理给出了计算实系数多项式在实数轴上任何区间内的实根的个数的方法,它查清了在实数轴上根的分布情况,这有利于对根进行分离,使得每一个区间中只含有多项式的一个根。

2.6 函数

2.6.1 “函数”的由来

圅（函） hán 匣纽、谈部；匣纽、覃韵、胡南切

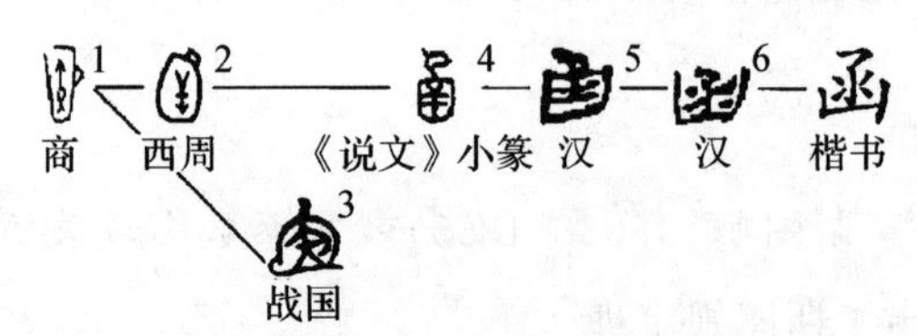

1.《甲文编》300页；2.《金文编》486页；
3.《楚系简帛》587页；4.《说文》142页；5、6.
《篆隶表》467页

“函”的演变①

函是象形字。它很像一个袋子里装着一支箭(矢)形状，袋子上还有一个便于手拿或挂在腰上的提手或挂钩。金文的字形与甲骨文字形基本是一致的，只是袋子里的箭(矢)倒了过来。发展至图中 4 的小篆时，构形有了较大的讹变；挂钩移到函的顶上，像半个弓字，矢也完全走样了。经过隶书的改变，已面目全非，楷书字形随小篆以讹传讹，已经看不出箭袋的形迹了②。

《说文解字》说，函的小篆隶是圅，后来出现了作为异体字的函，由于民间多用函，故圅就渐渐废去。《第一批异体字整理表》将圅作为函的异体字淘汰。

函字的本义是指装箭的袋子，由此就引申出了装信的信函、信封等义。后来又由信函引申出包裹物件的东西，如匣子、盒子、函套等。还有铠甲，由最初的箭匣(箭被箭匣罩着)引申为铠甲(人被铠甲罩着)。后来又由信函引申为信件，如《三国志・魏书・刘晔传》里说：(曹操)每有疑事，辄以函问晔。意思是说：曹操每遇到疑难之事时就写信向刘晔请教。现代汉语还有公函、来函、函告之称。此外，函又由箭袋(函物之器)之义抽象引申出包含、包容等义，如《汉书・叙传上》里说：函之如海，意思是说能像大海一样包容无数之物。但后来包含的意义都用含，而不用函了。

正因为中国古代函字与含字通用，都有着包含的意思。1859 年，李善兰在《代数微积拾级》中给出函数(function)的定义是：“凡此变数中函彼变数者，则此为彼之函数。”“凡

---

① 李学勤. 字源[M]. 天津：天津古籍出版社，2013.

② 徐建中. 汉字国学汉字里的国学常识[M]. 北京：中国商业出版社，2016.

式中含天,为天之函数。"因为中国古代用天、地、人、物 4 个字来表示 4 个不同的未知数或变量,这个定义的意思是,凡是公式中含有变量 x,则该式子叫做 x 的函数。所以函数是指公式里包含着变量的意思,即一个量中包含另一个量。

2.6.2 函数概念的发展

函数的定义通常分为传统定义和近代定义,函数的两个定义本质是相同的,只是叙述概念的出发点不同,传统定义是从运动变化的观点出发,而近代定义是从集合、映射的观点出发。

函数的近代定义是给定两个数集 A、B 和对应法则 f,对于集合 A 中的任一元素 x,都有另一数集 B 中的元素为 y 与之对应,则称 y 是 x 的函数,记作 $y=f(x)$。

莱布尼兹

1638 年,伽利略在《关于两门新科学的对话》中用文字和比例的语言,阐述了与上述函数思想相近的概念。1637 年前后,笛卡尔在创立解析几何时,也注意到一个变量对另一个变量的依赖关系。17 世纪后期,牛顿创立微积分时只是把函数当作曲线来研究,并用"流量"来表示变量间的关系 。1673 年,莱布尼兹首次使用"function"(函数)表示幂,后来也表示曲线上点的横坐标、纵坐标、切线长等几何量。

欧拉

1718 年,约翰·伯努利(1667—1748)把函数定义为由任一变量和常数的任一形式所构成的量,并强调函数要用公式来表示。1748 年,欧拉在《无穷分析引论》中把约翰·伯努利的函数定义称为解析函数,并进一步把它区分为代数函数和超越函数,还考虑了随机函数,而把一般函数定义为:一个变量的函数是由变量或常量与任何一种方式构成的解析表达式。1755 年,欧拉又给出了另一个定义:如果某些变量,以某一种方式依赖于另一些变量,即当后面这些变量变化时,前面这些变量也随着变化,我们把前面的变量称为后面变量的函数。这个定义较前面有很大的拓展,具有更普遍的意义。

1821 年,柯西(1789—1857)用变量定义了函数:在某些变数间存在着一定的关系时,如果给定其中某一变数的值,那么其他变数的值即可随之而确定,则称最初的变数叫自变量,其他各变数叫做函数。在柯西的定义中,首次出现了"自变量"一词,同时指出对函数来说不一定要有解析表达式。

柯西

到 1822 年，傅里叶(1768—1830)对函数的表达形式有了新的认识，把对函数的认识又推进了一个新层次。他认为某些函数可以用曲线表示，也可以用一个式子表示，或用多个式子表示。

1837 年，狄利克雷(1805—1859)突破了函数表达式的局限，清晰地给出了函数的概念：如果对于在某区间上的每一个确定的 x 值，y 都有一个确定的值，那么 y 叫做 x 的函数。这就是人们常说的经典函数定义。在康托尔(1845—1918)创立集合论之后，美国几何学家和拓扑学家奥斯瓦尔德 · 维布伦(1880—1960)便用集合和对应的概念给出了函数的近代定义，通过集合概念把函数的对应关系、定义域及值域进一步具体化，并打破了使变量只取数的限制。

傅里叶

狄利克雷

维布伦

1914 年，德国数学家豪斯道夫(1868—1942)在《集合论纲要》中用“序偶”(当时意义尚不明确)来定义了函数，避开了意义不明确的变量、对应的概念。1921 年，波兰数学家库拉托夫斯基(1896—1980)又用集合概念来定义了“序偶”，使豪斯道夫的定义很严谨了。至 1930 年，数学家已给出了函数的现代定义：若对集合 $\boldsymbol{M}$ 中的任意元素 x，总有集合 $\boldsymbol{N}$ 中确定的元素 y 与之对应，则称在集合 $\boldsymbol{M}$ 上定义一个函数，记为 f，并称元素 x 称为自变量，元素 y 称为因变量。

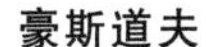

豪斯道夫　　　　库拉托夫斯基

2.7　二项式展开式

两数和的整数次幂的展开式，用现代数学语言表达就是：

$$(a+b)^n=C_0^n a^n b^0+C_n^1 a^{n-1} b^1+\cdots+C_n^n a^0 b^n$$

1654 年，由于法国数学家帕斯卡建立了一般正整数次幂的二项式展开式（或称二项式定理），因此西方人把 n 分别取 1，2，3，…时得到的展开式系数构成的三角形，称为帕斯卡三角形。事实上，把它冠以帕斯卡的名字有些不妥，因为早在公元 1 世纪，中国的《九章算术》少广章就有开方术、开立方术，提出了正整数开平方、开立方的一般程序，给出了上述展开式当 $n=2,3$ 时的情况。例如求 26 的平方根，就相当于解方程 $x^2=26$。中国古代先估算平方根的最高位 5，再进行减根变换：令 $x=5+y$，则有 $(5+y)^2=26$，于是就遇到了完全平方的展开式，对于 $n=3$ 的情形也是如此。

法币上的帕斯卡

到 11 世纪上半叶，数学家贾宪（生卒不详，11 世纪人）撰《黄帝九章算法细草》（九卷）和《释锁算书》等书，在《释锁算书》中他给出了开方作法本源图（即指数为正整数的二项式展开系数表）。图下注文为“左裹乃积数，右裹乃隅算，中藏者皆廉，以廉乘商方，命实以除之”。这里“廉”即“边”之意，“隅”即“角”之意。

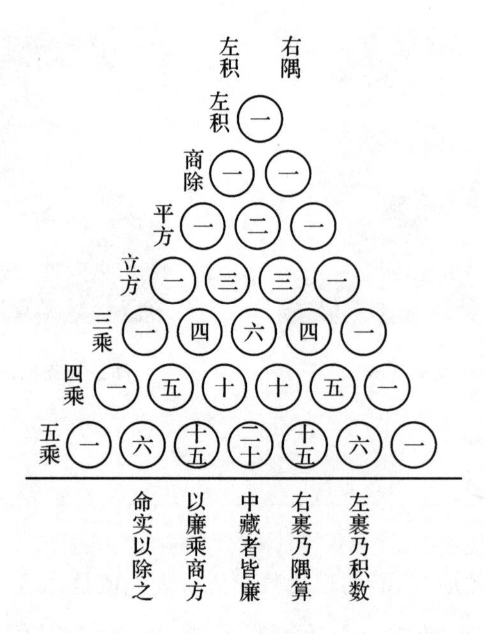

开方作法本源图

上述文字的意思是，对形如$(x+c)^n$（c为常数）的展开式，“左裏乃积数”是指第n行最左边是二项展开式中常数项的系数。“右裏乃隅算”是指第n行最右边是二项展开式中高次项的系数。“中藏者皆廉”是指第n行中间是对应各次项的系数。“以廉乘商方，命实以除之”是指开方或解方程时用所得商去乘各次项的系数，再从开方时的积或解方程时方程右端的常数中减去，是对开方算法的概括，揭示了诸“廉”在开方中的作用，开平方用第三层，开立方用第四层，依此类推。

贾宪曾师从数学家楚衍（生卒不详，11世纪初）学天文、历算，对数学做出了重要贡献，可惜他的著作都已失传，幸亏部分内容被南宋数学家杨辉引用，得以保存下来。杨辉在所著《详解九章算法》(1261年)中摘录了贾宪的“开方作法本源图”，所以曾经有一段时间中国人把二项式展开系数称为杨辉三角。今天，我们把它正名为贾宪三角。尽管贾宪仅给出具有七层的三角形，但利用这种方法就可以构造出具有任意多层的贾宪三角形。同时，由开方作法本源图蕴含的组合数性质，又成为中国古代数学家解决高阶等差级数和研究内插法的重要工具。

在贾宪之后，阿拉伯人也对该问题进行了研究，并得到了正确结果。1665年，英国数学家牛顿将二项式定理推广到有理指数的情形，使得这一问题更一般化，因此二项式定理也称为牛顿二项式定理。

到了18世纪，瑞士数学家欧拉和意大利数学家卡斯蒂隆(1704—1791)分别用不同方法证明了实指数情形的二项式定理。这样，二项式定理在实数范围内得以完善。

2.8 比与比例

2.8.1 “比”与“比例”的由来

“比”在甲骨文(图中 A)和钟鼎文(图中 B)里,是两个亲近的人紧靠相依,并肩向前。因此,“比”的本义是紧靠、亲近、比并。到秦代小篆(图中 C)时,“比”的形体像小两口弯着腰垂手过膝向来宾们鞠躬致谢。汉隶(图中 D)阶段,“比”就由弯腰鞠躬的一对变成平坐搭肩的一对。现在所用的楷书“比”图中 E)是由汉隶“比”演变而来,平坐搭肩的姿势没有变。由此产生出“比”的引申义:并列、挨着、接近等。

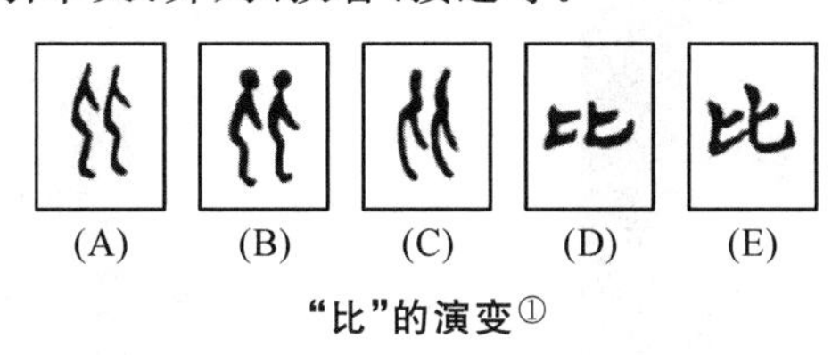

“比”的演变①

数学中的“比”借用了“比”的引申意义,是指由一个前项和一个后项组成的除法算式,是一种运算,只不过把除号改成了“:”而已,它是除法的另一种表现方式。但除法算式表示的是一种运算,而比则表示两个数的关系,指比较两个同类数量的倍数关系,其中一个数是另一个数的几倍或几分之几。

比的结果称为比率,它是一个总体中各个部分的数量占总体数量的比重,用于反映总体的构成或者结构,如圆周率、出勤率。比例是表示两个比相等的式子(有四项,两个内项,两个外项),是数量之间的对比关系:两种相关联的量,一种量变化,另一种量也随着变化。“比例”这个词是徐光启与利玛窦合译《几何原本》时提出的。《几何原本》第五卷称:“比例者,两几何以几何相比之理。两几何者,或两数,或两线,或两面,或两体,各以同类大小相比,谓之比例。”这里说的“比例”就是今天的比。又云:“四几何,若第一与二偕第三与四为同理之比例,则第一、第三之几倍偕第二、第四之几倍,其相视,或等,或俱为大、俱为小,恒如是。”这里说的“同理之比例”即今天的比例。

为什么把英文 proportion 翻译为“比例”呢?顾炎武(1613—1682)的《日知录》讲得很清楚:“比例者,以比为例也。”

2.8.2 “比”与“比例”的发展

毕达哥拉斯称“万物皆数”,这里的“数”就是整数或整数比。他很早就认识到了

① 陈政.字源谈趣[M].南宁:广西人民出版社,1986.

"比",并认为宇宙间所有的量都可以用"比"来表示,例如用小木棍敲打在一根绷紧的弦,敲打的位置(这个点就把弦分成两段)不同则发音不同,所以,音乐就是一个比值。由此,毕达哥拉斯构建了自己的哲学基础。

由于无理数的出现,使古希腊人认为数是不可靠的,而形是可靠的。于是,他们就依赖几何中的形来处理数,并把无理数称为无理量。欧多克斯出色地完成了这个任务,比较系统地建立了比例理论(正比例),破解了因无理数带来的困难。公元前 300 年,欧几里得完成了《几何原本》(具体内容见表 2-1),吸收了欧多克斯的比例理论,并应用于相似形,特别是三角形的相似理论。但欧几里得的比例只限于正比例和连比例,且只用于数学内部,没有应用于实际。

欧多克斯

欧几里得

表 2-1 《几何原体》的具体结构

卷号	命题数	主要内容
1	48	直线图形的性质
2	14	几何代数(面积变换)
3	37	圆论
4	16	圆内接、外切多边形
5	25	比例论
6	33	比例论应用于相似形
7	39	约数、倍数、整数的比例
8	27	等比数列、连比例、平方数、立方数
9	36	平面数、立体数、素数、奇数、偶数、完全数等
10	115	不可公度量(无理量)等理论
11	39	立体图形的性质
12	18	面积、体积论(穷竭法)
13	18	正多边形和正多面体

真正比较系统建立比例理论的是中国。在《周髀算经》(约公元前 1 世纪)就用两勾股形对应边成比例来测量太阳的高度。至西汉,《九章算术》(具体内容见表 2-2)粟米章提出了各种谷物兑换的关系,称之为“率”,例如粟米∶粗米=50∶27。又给出了今有术:“以所有数(a)乘所求率(c)为实,以所有率(b)为法,实如法而一。”[①]这正是四项比例。用今天的语言来说就是,若已知 $a:b=c:x$,则所求数 $x=$所有数(a)乘所求率(c)除以所有率(b)$=ac/b$。263 年,刘徽在注释今有术时指出:“此都术也。凡九数以为篇名,可以广施诸率,所谓告往而知来,举一隅而三隅反者也。诚能分诡数之纷杂,通彼此之否塞,因物成率,审辨名分,平其偏颇,齐其参差,则终无不归于此术也。”可见,中国对这种方法的认识是十分深刻的。在《九章算术》中,中国人还给出了反比例、复比例、连比例、分配比例,使比例理论趋于完善,并广泛应用于实践。

表 2-2 《九章算术》的具体结构

章次	章名	问与术的数目	主要内容
一	方田	38 问 21 术	各种平面图形的地亩面积算法及分数的运算法则
二	粟米	46 问 33 术	20 种谷物、米或饭的兑换比率及四项比例算法
三	衰分	20 问 22 术	分配比例算法,多与商业、手工业及社会制度有关
四	少广	24 问 16 术	开平方、开立方法
五	商功	28 问 24 术	各种立体图形体积算法
六	均输	28 问 28 术	比较复杂的分配比例计算法
七	盈不足	20 问 17 术	盈亏问题的解法
八	方程	18 问 19 术	线性方程组的解法
九	勾股	24 问 22 术	勾股问题的解法及简单的勾股测量

中国的今有术传到印度,称为“三率法”。该方法经阿拉伯传到欧洲,得到欧洲人的高度重视和广泛应用,被誉为“黄金法则”。而今天比例的符号“:”是 1666 年莱布尼兹在《论组合的艺术》中首次提出的。

2.9 长度与面积

2.9.1 长度

在连结空间中的两给定点 P、Q 所有路径中,以直线段 PQ 为最短,它的“长度”叫做

① 白尚恕.《九章算术》注释[M].北京:科学出版社,1998.

P、Q 两点之间的距离。长度是一个常用的基本几何量，但由于长度这种量并不具有天然不可分割的单位，所以必须人为地选定一个法定标准作为“单位长”。要度量一条直线段的长度，只要求出它和单位之间的“比值”。

中国古算书《孙子算经》(约 4 世纪)中记载：“度之所起，起于忽，欲知其忽，蚕吐丝为忽。”即用数理统计的原理，以蚕丝的粗细来确定“忽”的单位长。这样，若被测线段 a 恰好是单位长 u 的 m 倍，则所求的值就是 m，a 的长度就是 m 个单位长。

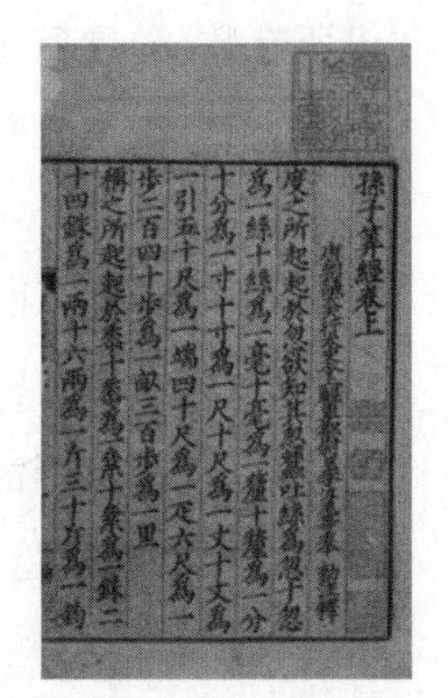

孫子算經卷上
度之所起起於忽欲知其忽蠶吐絲爲忽十忽
爲一絲十絲爲一毫十毫爲一氂十氂爲一分
十分爲一寸十寸爲一尺十尺爲一丈十丈爲
一引五十尺爲一端四十尺爲一疋六尺爲一
步二百四十步爲一畝三百步爲一里
稱之所起起於黍十黍爲一絫十絫爲一銖二
十四銖爲一兩十六兩爲一斤三十斤爲一鈞

《孙子算经》首页

若被测线段 a 不恰好是单位长 u 的 m 倍，则只需取足够大，将单位长分为等分，使被测线段 a 是 $\frac{u}{n}$ 的 m 倍，则 a 的长度即为 $\frac{m}{n}$ 个单位长。但从理论的观点看，对于任给的两线段 a，b 是否总有一个适当的线段 u，使得 a，b 恰好都是的整数倍呢(亦即：$a=mu$，$b=nu$，$a:b=m:n$)? 请注意：这只有在绝对没有误差的情况下才有意义。

由于中国古代的实数理论在刘徽为《九章算术》作注之时(263 年)已接近成熟，且中国古代重实用，没有必要考虑无理数是否可化为 $\frac{m}{n}$ 的形式，只要结果足够精确即可。所以在线段长度的度量问题上，没有作进一步研究。

公元前五六世纪，毕达哥拉斯在建立他的几何学时，认为万物皆数(即整数或整数比)。他认为，度量的结果一定是有理数。但毕达哥拉斯的弟子希帕索斯(约公元前 500)发现了下述数学命题：

(1)一个正五边形的边长和对角线之间的比值不可能是一个分数。

(2)一个正方形的边长和对角线之间的比值也不可能是一个分数。

希帕索斯的发现给长度的度量乃至整个毕氏学派的几何，带来了空前的危机。时隔半个世纪，天才的古希腊数学家欧多克斯发明了穷竭法，才巧妙地绕过了“不可公度量”，给出了长度的正确定义。由于长度是一个比值，所以欧多克斯在比例理论中给出了一个关键性的定义：

定义任何整数 m，n，如果当且仅当 ma 大于(小于或等于)nb 时，有 mc 大于(小于或等于)nd，那么就说 $a:b=c:d$。有了这个定义，如果只知道有理数而不知道无理数，人们就可以用全部大于等于某数和全部小于某数的有理数来定义该数，从而可以定义所有的实数，这样长度的定义就给出来了。

2.9.2 面积

1. 两种不同的多边形面积理论

我们常说一个平面图形的面积是 m，意思是说这个图形的面积是 m 个单位面积。因此，面积也是个比值。要计算一个图形的面积，先要定义单位面积。

早在巴比伦时期和古埃及时期，人们就知道简单图形的面积计算，例如长方形、三角形、梯形等。这些面积的计算大多起源于土地测量。至于他们是如何知道这些面积公式的，古代文献中没有记载。我们猜测与下面要讲的中国古代的计算方法是一致的。

中国古代所处理的面积多与计算田亩大小、划定区域边界有关，其命名也多与实际联系，如方田（矩形）、圆田（圆面）、弧田（弓形）、邪田（梯形）等。按几何性质，平面几何图形可分为多边形与曲边形。对于多边形，中国古代主要以矩形面积为基础，利用出入相补原理，将其他多边形化为矩形，从而求解。

所谓出入相补原理（也称割补原理），是指这样一个明显的事实：一个平面图形从一处移置它处，面积不变。若把图形分割成若干块，那么各部分面积的和等于原来图形的面积，因而图形移置前后诸面积的和差，就有简单的相等关系（立体图形也是一样）[①]。

一些特殊图形如三角形、梯形可以根据图形特点进行分割，拼补成矩形。对一般的多边形，则把它割补成矩形或分割成已知图形。中国古代就是这样用出入相补原理求出了所有多边形的面积，并用于面积公式和数学命题的证明。

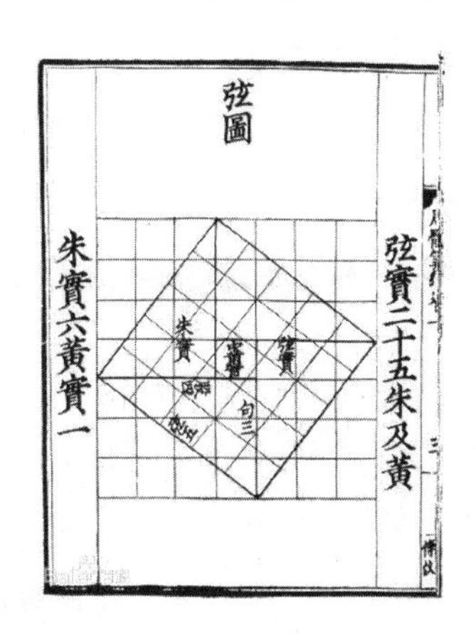

用出入相补原理证明勾股定理

那么，古代中国是如何知道长方形的面积公式的呢？中国人先从边长分别都是整数 m,n 的长方形开始研究，这个长方形可以分割成 mn 个小正方形（单位面积），于是归纳出这类长方形的面积就是 mn（个单位面积）。然后，再用不完全归纳法把边长从整数推广到一般的数。

在古希腊数学史上，由于古希腊数学家更重视数学的逻辑与理性，对于涉及实际应用的数学问题他们往往避而不谈。欧几里得肯定知晓三角形、四边形等多边形的面积公

---

① 韩祥临. 数学史简明教程[M]. 杭州：浙江教育出版社，2003.

式，但在《几何原本》中却没有提及。在处理多边形时，他只是讲面积变换，如在《几何原本》卷一中，命题 35、36、37、38 是证明：在同底（或等底）上且在相同两平行线之间的平行四边形（或三角形）彼此相等（指面积）。这些结论是以逻辑为基础用与割补相似的方法加以论证的。如命题 35：

在同底上且在相同两平行线之间的平行四边形彼此相等。

设四边形 $ABCD$，$EBCF$ 是平行四边形，它们有同底 BC，且在相同两平行线 AF、BC 之间，DC、EB 相交于 G，求证平行四边形 $ABCD$ 的面积等于平行四边 $EBCF$ 的面积。

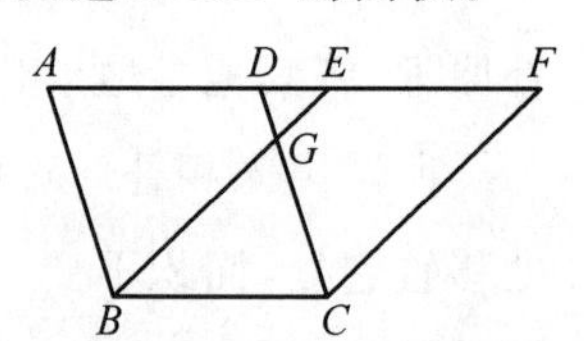

证：因为 $ABCD$ 为平行四边形，所以 $AD=BC$。

同理 $EF=BC$。

所以 $AD=EF$，从而 $AE=DF$。

又因为 $AB=DC$，$EB=FC$，

所以 $\triangle EAB \cong \triangle FDC$，

所以 $\triangle EAB-\triangle DGE=\triangle FDC-\triangle DGE$（面积），

即梯形 $ABGD=$ 梯形 $EGCF$.

所以平行四边形 $ABCD=$ 平行四边形 $EFCB$。

命题 43：在任何平行四边形中，对角线两边的平行四边形的补形彼此相等。这实质上是中国“勾股不失本率原理”的一般情形。

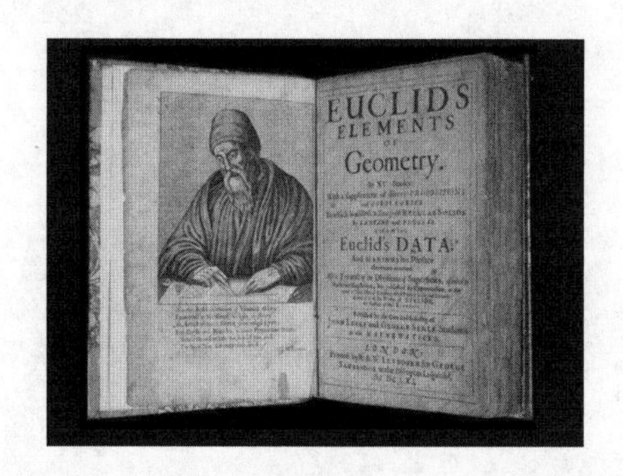

《几何原本》

另一类涉及面积问题的命题是只给出两个面积比，而不是具体公式。如卷十二命题 2：圆与圆之比如同直径上正方形之比。

欧几里得用穷竭法证明它们的比既不能大于直径上正方形之比，也不能小于直径上正方形之比，从而只能等于。该命题说明圆面积与直径的平方是成正比的，只要求得这个比例系数，即可得出圆面积，但欧几里得没有这样做，或许他的关注点并不在于此。

第三类是有关面积变换的，但他不是用割补的方法，而是用尺规，即所谓尺规作图。

毕达哥拉斯学派对于如何用直尺和圆规把平面图形变成与它面积相等的另一平面

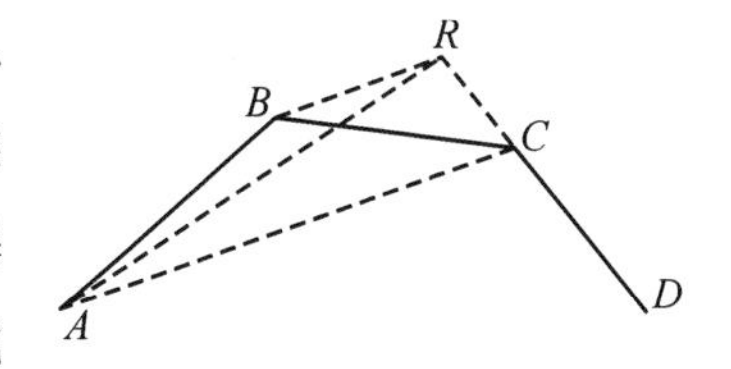

图形的问题十分感兴趣,并直接影响了欧几里得。在欧几里得《几何原本》卷一命题42、44、45和卷二命题14都是类似问题:作一个与给定的多边形面积相等的正方形。其基本思想是考虑任一多边形 $ABCD\cdots$,作 BR 平行于 AC,截 DC 延长线于 R,连接 AR。于是,三角形 ABC 和 ARC 有公共的底边 AC 和相等的高,故这两个三角形面积相等。由此得出:多边形 $ABCD\cdots$ 与 $ARD\cdots$ 面积相等。而多边形 $ARD\cdots$ 比多边形 $ABCD\cdots$ 少了一条边。重复上述过程,我们将得到一个与给定多边形 $ABCD\cdots$ 面积相等的三角形。设 b 是这个三角形的任一边,h 是 b 边上的高,则与此三角形面积相等的正方形边长为 $\sqrt{\frac{bh}{2}}$,这正好是 b 与 $\frac{h}{2}$ 的比例中项。因为此比例中项是可以用直尺和圆规作出的,整个问题也就解决了。

2.海伦—秦九韶公式及其推广

古希腊海伦(约100)最重要的几何著作是《测量学》。全书分三卷,卷一就讲述各种图形的面积度量,其中有已知三角形三边 a,b,c,用它们来表示其面积的公式及推导:

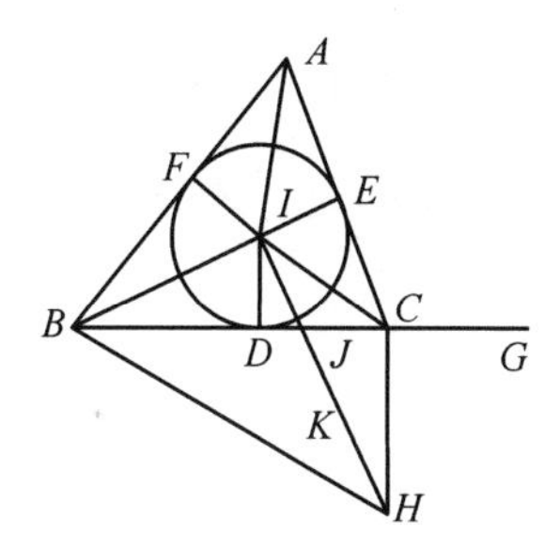

(1)设以 I 为圆心,以 r 为半径的内切圆与 BC、CA、AB 相切于 D,E,F(见右图),在 BC 的延长线上取点 G,使 $CG=AE$。连 BI,作 IH 垂直于 BI,交 BC 于 J,并交 BC 的过点 C 的垂线于 H。连 BH、ID、IE、IC、IA

(2)如果 $s=\frac{a+b+c}{2}$,则 $\Delta=rs(BG)\cdot(ID)$

(3)B、I、C、H 四点共圆,$\angle CHB$ 是 $\angle BEC$ 的补角,所以等于 $\angle EIA$($\angle IBC+\angle ICB+\angle IEA=\angle EAI+\angle AIE=90^\circ$),故 $\triangle BHC\backsim\triangle AIE$。

(4)$\frac{BC}{CG}=\frac{BC}{AE}=\frac{CH}{IE}=\frac{CH}{ID}=\frac{CJ}{JD}$。

(5)$\frac{BG}{CG}=\frac{CD}{JD}$。

(6)$\frac{(BG)^2}{CG\cdot BG}=\frac{CD\cdot BD}{JD\cdot BD}=\frac{CD\cdot BD}{(ID)^2}$。

(7)$S_{\triangle ABC}=BG\cdot ID=\{(BG)(CG)(BD)(CD)\}^{\frac{1}{2}}=\{s-(s-a)(s-b)(s-c)\}^{\frac{1}{2}}$

已知三角形三边(斜)求它的面积,这一问题在南宋秦九韶所著《数书九章》(1247)中有专题讨论。此书卷五第2题是为解决大面积沙田地亩测量而提出的:"问沙田一段有三斜,其小斜一十三里,中斜一十四里,大斜一十五里。里法三百步,欲知为田几何?"术文是:"以小斜幂并大斜幂,减中斜幂,余,半之,自乘于上。以小斜幂乘大斜幂,减上,余,四约之为实。一为从隅,开平方,得积。"记大斜为 a,小斜为 b,中斜为 c,秦九韶所说即为：

$$\Delta=\sqrt{\frac{1}{4}\left\{a^2b^2-\left(\frac{a^2+b^2-c^2}{2}\right)^2\right\}}。$$

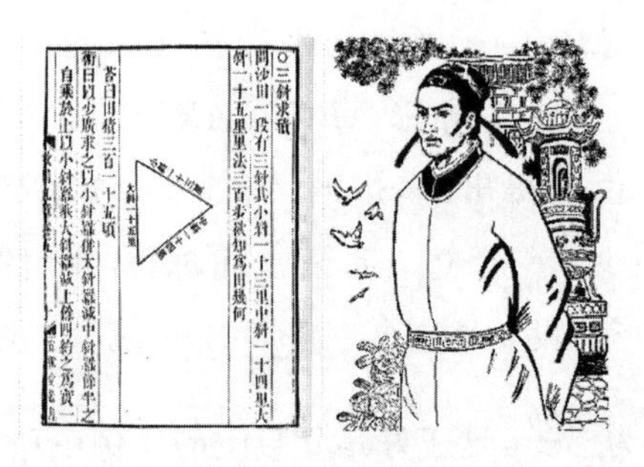

秦九韶与三斜求积

《数书九章》没有写出推导过程，为此，世人猜测纷纭。下面是浙江大学沈康身教授给出的设想：

《九章算术》方田章早已建立$\triangle ABC$面积是$\Delta=\frac{1}{2}ah$，又以底为边长作大正方形，高分底边为q、p的两段，D为垂足。划分正方形见下图，在右上方加作以p为边的小正方形，由勾股定理知$h^2=b^2-p^2$，那么$\Delta^2=\frac{1}{4}a^2h^2=\frac{1}{4}a^2(b^2-p^2)$。

$$q^2=c^2-b^2+p^2 \tag{2-6}$$

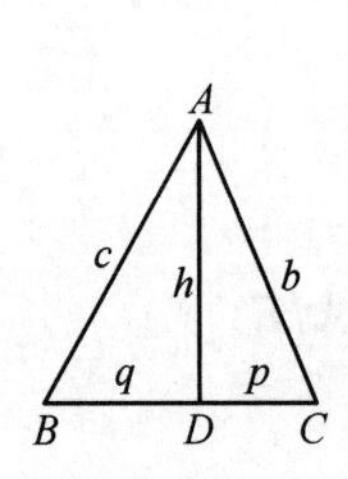

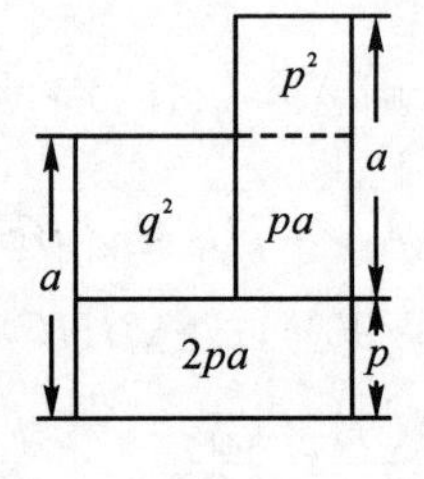

在大正方形中割去以a为边的正方形，于是：

$$q^2=p^2+a^2-2pa \tag{2-7}$$

由式(2-6)和式(2-7)，$2pa=a^2+b^2-c^2$，即$p=\frac{a^2+b^2-c^2}{2a}$

这就很容易导出所证公式。可见，用中国的传统方式比海伦的方法简洁，又殊途同归。

目前，人们把已知三角形三边长求面积的这一公式称为海伦—秦九韶公式，因为实际上它们两者是等价的。

印度婆什迦罗的《丽罗瓦提》(1150)中记载，已知三边求三角形面积的问题，如下：

$p=\frac{1}{2}\left\{b-\frac{(c+a)(c-a)}{2}\right\}$，

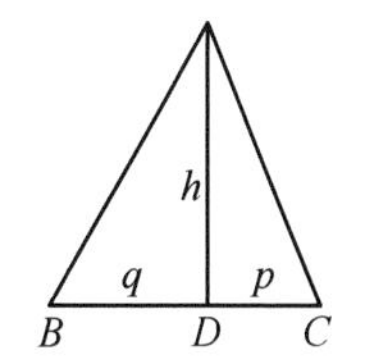

$$q=\frac{1}{2}\left\{b+\frac{(c+a)(c-a)}{2}\right\},$$

$$h=\sqrt{c^2-q^2}=\sqrt{c^2-p^2}\text{,从而 }\Delta=\frac{1}{2}bh\text{。}$$

无独有偶,海伦在《测量学》中也给出了上述求三角形面积的方法。易于分析这与中国在推导公式上的思想是一致的。

随着数学的发展,人们把代数和三角学引入几何证明中,从而不断修改这一公式的证明。直到今天,仍有一些中外学者给出了一些新证明。

另外,印度人婆罗摩笈多还对它作了重要推广:

$$K=[(s-a)(s-b)(s-c)(s-d)]^{\frac{1}{2}},\tag{2-8}$$

是边长为 a,b,c,d,半周长为 s 的四边形的面积。看来,他未能正确地认识该四边形的限制条件。我们说在一般情况下,正确的公式是:

$$K^2=(s-a)(s-b)(s-c)-abcd\cos^2\frac{(A+C)}{2}$$

其中 A 和 C 是四边形的一对相对的顶角。可见,只有当给出的四边形是圆内接四边形时,该公式才成立。当 $d=0$ 时,圆内接四边形退化为三角形。式(2-6)即为海伦—秦九韶公式。

如果加强条件,即设圆内接四边形又是某圆的外切四边形,则公式(2-6)可化为更简洁的形式,即设四边形 $ABCD$ 内接于圆 O,外切于圆 O_1,其边长分别为 a,b,c,d,则其面积为 $K=\sqrt{abcd}$。

3. 曲边形面积

曲边形面积求解的主要思想是“以直代曲”。先分割,以直线代替曲线,近似求和;然后分割加细,直到所需精度。这种方法实质上是与用积分法求面积的思想一致的。在曲边形中代表图形是圆,中国很早对圆就有了认识,战国时期的《墨经》中已经给出了圆的科学定义:“一中,同长也。”与今天所说“到定点的距离等于定长的点的集合”这一定义是等价的。关于圆的面积,《九章算术》方田章第 31、32 题术文就给出了圆面积的正确公式:半周半径相乘得积步。只是当时取 $\pi=3$,在实际计算时不够精确。至魏晋时期,数学家刘徽创立割圆术后,求圆的面积才到了所需的精度。

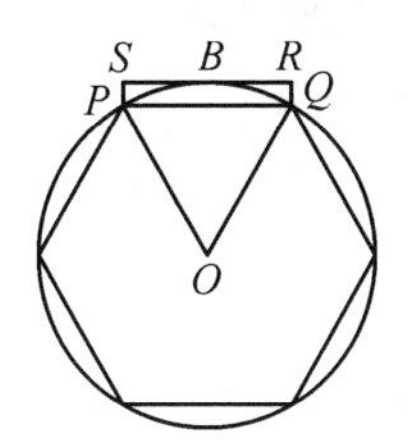

为方便,我们记圆半径为 R,圆内接正 n 边形边长为 a_n,它的面积是 A_n,它的周长是

P_n，圆的面积为 A。刘徽从 $a_6=(R)$ 计算 a_{12}：

$$a_{12}=\sqrt{\left(R-\sqrt{R^2-\left(\frac{a_6}{2}\right)^2}^2\right)^2+\left(\frac{a_6}{2}\right)^2}$$

接着，他依次从 a_{12} 计算 a_{24}，从 a_{24} 计算 a_{48}……，从割圆术注中可看到他掌握了边长 a_{2n} 与 a_n 间的一般关系，即

$$a_{2n}=\sqrt{\left(R-\sqrt{R^2-\left(\frac{a_n}{2}\right)^2}^2\right)^2+\left(\frac{a_n}{2}\right)^2}$$

刘徽把 a_{12} 看作六个相同四边形面积之和，而且四边形(图中四边形 OPBQ)面积是对角线乘积之半：

$$A_{12}=\frac{6}{2}a_6R=3a_6R=\frac{P_6}{2}R$$

依此类推，从 A_n 可以同法计算 A_{2n}，设 $n=2^{n-1}\times 6$，则 $A_{2n}=\frac{6}{2}a_nR=3a_nR=\frac{P_n}{2}R$，这样就可以从圆内接正 $2^{n-1}\times 6$ 边形的每边长和圆半径直接算出同圆内接 $2^n\times 6$ 边形的面积。

扇形 $OPBQ$ 的面积大于四边形 $OPBQ$ 的面积，并小于多边形 $OPSRQ$ 的面积，由此我们得到：$A_{12}<A<A_{12}+(A_{12}-A_6)$。

一般的有：$A_{2n}<A<A_{2n}+(A_{2n}-A_n)$，这就是刘徽不等式。

易知当 $n\to\infty$ 时，有 $(A_{2n}-A_n)\to 0$，即得圆的面积：

$$A=\lim_{n\to\infty}[A_{2n}+(A_{2n}-A_n)]=\lim_{n\to\infty}A_{2n}=\lim_{n\to\infty}\frac{P_n}{2}R=\frac{1}{2}CR$$

其中，C 为圆的周长。

这就是刘徽用极限方法证明的圆面积公式。

顺便指出，刘徽在计算圆面积的同时，也估计了 π 的过剩近似值与不足近似值，即 3.14 与 3.1416，这一成就不仅在当时是世界领先的，而且在求解过程中所用的方法已含有 20 世纪 60 年代才出现的外推极限法思想。

中国古代面积理论主要是建立在出入相补原理和极限理论之上，他们在圆的度量和圆周率等方面所表现出来的思想方法，在希腊几何中是很难找到的，尤其是以直代曲和极限方法的运用，是数学史上极为精彩的篇章。

古希腊求曲边形面积的代表是阿基米德。阿基米德，公元前 287 年生于西西里岛的叙拉古，公元前 212 年卒于同地；力学家，天文学家，与高斯、牛顿并称为有史以来最伟大的数学家之一，被誉为数学之神。阿基米德堪称机械学天才，他一生将自己的研究成果做了大量应用，但阿基米德对自己种种实用的发明并不在意，他的关注点在于纯数学。他一生留下了大量数学论著，他的思想一直影响到 17 世纪的分析学。若是古希腊的数

学家和科学家追随阿基米德而不是追随欧几里得，他们可能在两千年前就轻而易举地进入了笛卡尔和牛顿在17世纪肇始的近代数学时代。阿基米德的主要数学著作有《论球与圆柱》《圆的度量》《劈锥曲面与回转椭圆体》《论螺线》《平面图形的平衡或其重心》《论数沙》《求抛物弓形的面积》《论浮体》《引理集》《群牛问题》等。这里面最突出的成就是：

(1)用穷竭法求面积与体积，这是积分学的萌芽；

(2)科学地计算出 $3\frac{10}{71}<\pi<3\frac{1}{7}$；

(3)首先提出阿基米德螺线及其重要性；

(4)讨论了高阶等差数列和不定方程问题。

现存的阿基米德著作中有三本是讲平面几何的，它们是《圆的度量》《求抛物弓形的面积》《论螺线》。

在《圆的度量》中，阿基米德利用比例的一般理论求出了圆周长与直径之比的有理近似值，同时也求出了圆的面积。

在这些命题中产生了 π 的近似值，它是通过计算圆的外切与内接正96边形的周长的近似值得出的，其中的计算依赖于他所知的不等式 $\frac{265}{153}<\sqrt{3}<\frac{1351}{780}$。阿基米德的这一结果虽不及刘徽，但在当时的希腊已很不容易了。

在《求抛物弓形的面积》中，包括24个命题，其中用穷竭法严格论证了他用力学原理得到的结论：

抛物线弓形 OAB 的面积 $\alpha=\frac{4}{3}\triangle OAB$ 的面积。阿基米德用穷竭法证明这一结论。在《论螺线》中，包括28个命题，讲的是现在称之为阿基米德螺线的一种曲线的性质。他出色地应用了穷竭法，给出并证明了命题：螺线的第一圈与初始线所围面积等于第一个圆的 $\frac{1}{3}$。

若用现代极坐标表示，螺线的方程是 $\rho=\alpha\theta$，上述命题就是要证明所求面积为：$\frac{1}{3}\pi OA^2=\frac{1}{3}\pi(2\pi\alpha)^2$。

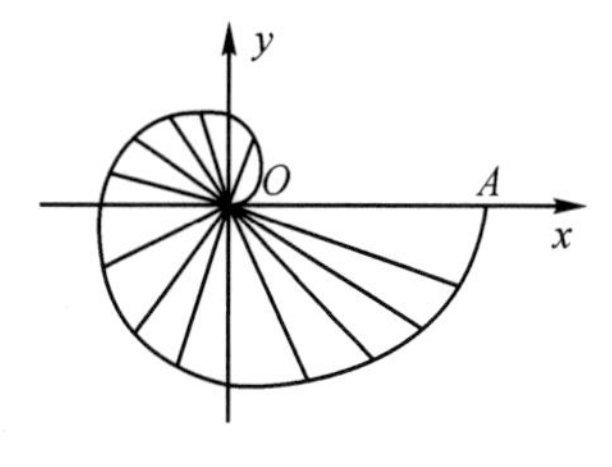

设半径为 OA 的圆的面积为 S，将圆 n 等分，设螺线和 OA 所围成的图形的面积为 T，它亦被分为 n 个部分，于是螺线的每个部分被夹在一个外接扇形和一个内接扇形之间，即：$\sum_{v=1}^{n-1}$ 内接扇形面积 $<T<\sum_{v=1}^{n}$ 外接扇形面积。

当 n 增加到足够大时，上式左端(或右端)与 T 的差可小于任一个给定的小量，这种穷竭法的独特之处是用越来越多的“内接”和“外接”扇形来逼近螺线弧所围的平面图形，这与通常用直线图形去“穷竭”曲边形的做法是不同的。阿基米德的穷竭法没有采用涉及无限过程的极限概念，而代之以取任意有限项均成立的严格结论。难怪数学史家叹服地说：“他的严格性比牛顿和莱布尼兹高明得多。”但从另一个角度看，为了保持严格性而让近在咫尺的极限概念失之交臂，实在可惜。当然，希腊数学中缺乏实数连续统概念，恐怕是他未引入极限概念的根本原因。这与中国对实数的认识以及对极限的应用是无法比拟的。

2.10 体积

古希腊数学重在抽象的理论证明，数的计算方面则略显不足。在人类历史上，提出多面体体积理论的首推中国。中国古代由于水利工程、国防工事、房屋营造和道路修建的需要，土方计算十分频繁，随着农业生产的不断发展，各种谷仓、粮库容积的计算也愈加频繁，这些都构成了中国古代立体几何中以体积计算为中心的实际背景。至《九章算术》成书时代，中国古代多面体的体积理论已臻完备。嗣后，在《五曹算经》《张丘建算经》《缉古算经》《杨辉算法》等算书中也有记载。

我们知道平面上两多边形面积相等，其组成一定相等，即如果规定长方形的面积是长宽之积，则根据出入相补原理，就可以得到三角形的面积是底高乘积之半，由此可以奠定平面多边形的面积理论。这一性质是否可以推广到三维空间：体积相等的两多面体总是组成相等？也就是说，如果规定长方体的体积是长宽高三度之积，是否同样依据出入相补原理可以推出：四面体的体积为底面积与高乘积的三分之一，进而建立多面体的体积理论呢？

1834 年，高斯在给英国数学家和物理学家格林(1793—1841)的信中对于一些立体几何的定理依赖于穷竭法，即依赖于现代用语中所说的连续公理表示不满，格林通过将图形分割为全等的部分来证明对称多面体体积之相等，但这不能作为一般的证明。

格林

1900年,在巴黎国际数学家大会上,德国数学家希尔伯特发表了题为"数学问题"的著名演讲,提出了23个问题作为20世纪数学科学要探索的奥秘和发展前景,其中第三个问题为:"只根据合同公理证明等底等高的两个四面体体积相等是否可能?",重提了高斯的发问。

希尔伯特

不久,德国数学家德恩(1878—1952)对上述问题给出了否定答案,两个多面体要分割成彼此重合的若干多面体,在满足"德恩条件"(必要条件)的情况下方有可能,而这个条件是非常复杂的。由此推知,即使要将一个正四面体割补为等积的正方体也是办不到的。这表明,要类似平面多边形那样,用出入相补原理来建立多面体的体积理论是行不通的!1965年,瑞士数学家西德勒(Sydler)又证明了德恩条件是充分的,因此这是一个充分必要条件。由于德恩条件叙述复杂,也难认为是合宜的最后形式。然而中国古代数学家处理多面体体积理论的思想方法却颇具启发性,这比近代西方几何学要高明得多,迄今仍让人回味不止。

德恩

中国古代数学家主要用了下列几种"棋"(模型)和几个原理来处理多面体体积:

"棋"

(1)正方体(或长方体),体积为长、宽、高之积;

(2)堑堵:底面为直角三角形的直棱柱,体积为长、宽、高之积的一半;

(3)阳马:其底为长方形,有一侧棱垂直于底的四棱锥,体积为长、宽、高之积的 $\frac{1}{3}$;

(4)鳖臑(náo):各面为直角三角形的四面体,体积为长、宽、高之积的 $\frac{1}{6}$ 。

原理

(1)出入相补原理;

(2)刘徽原理:斜解堑堵,其一为阳马,其一为鳖臑,阳马体积与鳖臑体积之比为2∶1;

(3)刘祖原理:处于同一水平面上的两个立体,被平行于底的任何平面所截,若两截面积之比处处都相等,则两个立体的体积之比等于两截面积之比。

中国古代数学家的多面体体积理论是以长方体的体积公式为出发点,借助于割补法与棋验法建立了直棱柱之类的体积公式,用割补法与极限法完成了阳马与鳖臑等基本几何体体积公式的严格证明,为多面体的有限分割求和奠定了基础。有限分割求和法是中国古代数学家处理多面体体积的基本方法，为扩充这一方法的使用范围与计算方便，刘徽又用刘祖原理将堑堵、阳马和鳖臑的体积公式推广到非正规情况，从而巧妙地完成了多面体的求积问题。

欧洲数学家在多面体的体积理论上绞尽脑汁，终不尽如人意。问题就在于人们要避免使用无限、连续之类的概念与方法来完成多面体的体积理论，这是根本无法实现的。而刘徽则绕过了这条死胡同，他先用极限方法证明阳马与鳖臑的体积公式即刘徽原理，以此来建立多面体的体积理论。刘徽原理的建立使中国古代数学家一劳永逸，无须涉及无限分割就可实现多面体的体积计算。这种敏锐的洞察力实在令人叹服！

那么如何求曲面体的体积呢？对一些简单曲面体，如圆柱、圆锥、圆台等主要是由对应的多面体棱柱、棱锥、棱台用刘祖原理来求解。在曲面体的求解中，最复杂而又最迫切的是球的体积。

刘徽曾对球的体积作过研究。他取一个正方体，先把正方体自左而右作内切圆柱，再自前而后作内切圆柱。正方体经过两次切割就得到一个新图形，像是上下相对的两把方伞，所以他命名这个几何体为“牟合方盖”。用等高截面去截割这个牟合方盖和球体，两者截面面积处处是 $4:\pi$，于是只要求出牟合方盖的体积，即可求出球的体积。但刘徽未能最终解决它，只好留给后人。

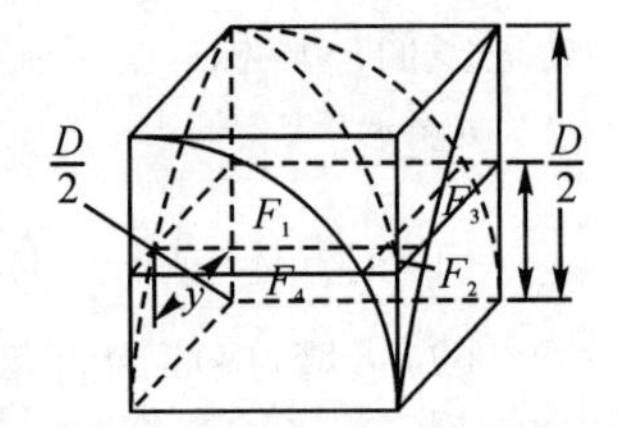

祖冲之(429—500)父子用刘徽所创牟合方盖这个几何模型继续深入探讨，尤其是祖暅，他认为把正方体 V_1（边长为 D）等分为八个小正方体 V_2，取出一块，以左下棱为轴、以棱长 D_1 为半径作四分之一圆柱面；又以后下棱为轴作四分之一圆柱面。二次分割得到四个曲面立体。其中一块称为内棋（u_1，即牟合方盖的八分之一），还有三块称为外棋（u_2，u_3，u_4），也就是当年刘徽感到难以处理的“合盖之外，正方体之内”的这块几何体。把这四块曲面几何体重新拼成正方体后，用水平截割（其立标我们记为 Z），在四个几何体上分别得到截面：一个大正方形 F_1，一小正方形 F_2，两个长方形 F_3、F_4。由勾股定理得知

$$F_1 = y_1^2 = \left(\frac{D}{2}\right)^2 - Z^2 \text{，于是 } F_2 + F_3 + F_4 = Z_2$$

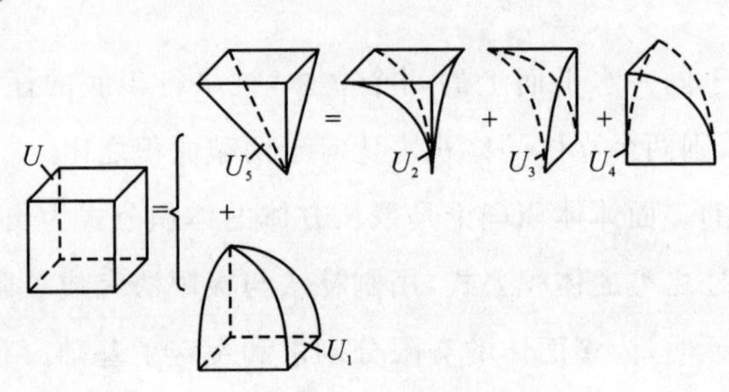

再比较以 $\frac{D}{2}$ 为底边及高的阳马，记其体积为 U_5，考虑到倒立阳马立标 Z 处截面积也是 Z^2，祖暅从截面法原理推出：合盖之外，即正方体之内这块几何体体积就是

$$U_2 + U_3 + U_4 = U_5$$

由于阳马 U_5 的体积为已知，这样就圆满解决了刘徽所提出的问题。祖暅继续推导：

$U_5 = \frac{1}{3}\left(\frac{D}{2}\right)^3$，

于是 $U_1 = \left(\frac{D}{2}\right)^3 - \frac{1}{3}\left(\frac{D}{2}\right)^3 = \frac{D^3}{12}$。

因此所求牟合方盖体积 $V_4 = 8U_1 = \frac{2}{3}D^3$，而直径为 D 的球的体积公式为：

$$V_3 = \frac{\pi}{4} \cdot \frac{2}{3}D^3 = \frac{\pi}{6}D^3$$

在《论方法》中，阿基米德记述了他是如何根据圆柱和圆锥的体积公式求出球的体积公式的。设球的水平直径 $AD = 2r$，以直径 AD 为轴，将矩形 $ABCD$ 和等腰直角 $\triangle ADE$ 绕轴旋转，分别得到圆柱和圆锥。然后，在距 AB 为 x 处切下厚度为 Δx 的薄片。这薄片在球、圆锥、圆柱中所占的体积分别近似为：

球体：$\pi x(2r - x)\Delta x$，

圆锥体：$\pi x^2 \Delta x$，

圆柱体：$\pi r^2 \Delta x$。

现在以 A 为支点，在 AD 的反方向延长线上取 $HA = 2r$，设想把球体和圆锥体的这类薄片挂在 H 点上，它们关于支点 A 的组合力矩为

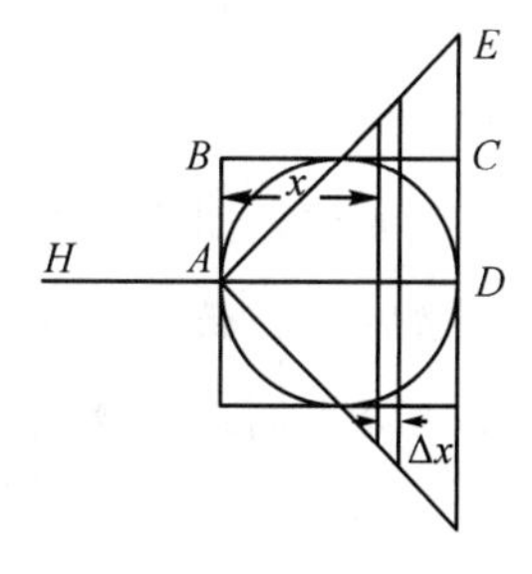

$$2r[\pi x(2r - x)\Delta x + \pi x^2 \Delta x] = 4\pi r^2 x \Delta x$$

正好等于留在原处的从圆柱体切下的薄片力矩的 4 倍，当 x 从 0 变化到 $2r$ 时，可想像这三个立体被分割成大量的这类平行薄片。把所有这类薄片加到一起，得

$2r$ [球体体积 + 圆锥体积] = $4r$ (圆柱体积)

即 $2r\left[\text{球体体积} + \frac{3}{8}\pi r^3\right] = 8\pi r^4$，于是得：球体体积 $= \frac{4}{3}\pi r^3$。

阿基米德对这种用力学方法求得的结果仍不满意，此后又在《论球和圆柱》里用无限细分法作了严格论证。阿基米德这种通过实验方法获得结果，再借助严格的数学工具进行证明的研究方法是很值得后人学习的。

今天，中学数学课本中关于球的体积公式的证明来源于卡瓦列里。卡瓦列里出生于意大利的米兰，是那时最有影响的数学家之一。卡瓦列里早年曾受学于伽利略，从 1629

年直到1647年一直是波洛尼亚大学的数学教授。他写了许多关于数学、光学和天文学的著作。最先把对数引进意大利的可能就是他。

卡瓦列里

卡瓦列里最伟大的贡献是1635年发表的一篇阐述不可分元法的论文,其中有许多发光的论点,这些论点后来成为卡瓦列里原理①:

(1)如果两个平面片处于两条平行线之间,并且平行于这两条平行线的任何直线与这两个平面片相交,所截二线段长度相等,则这两个平面片的面积相等;

(2)如果两个立体处于两个平行平面之间,并且平行于这两个平面的任何平面与这两个立体相交,所得二截面面积相等,则这两个立体的体积相等。

卡瓦列里原理实质上就是一千多年前的刘祖原理,这一原理是计算面积和体积的有价值的工具。作为此原理的例证,可以考虑它在导出球体体积公式上的应用。

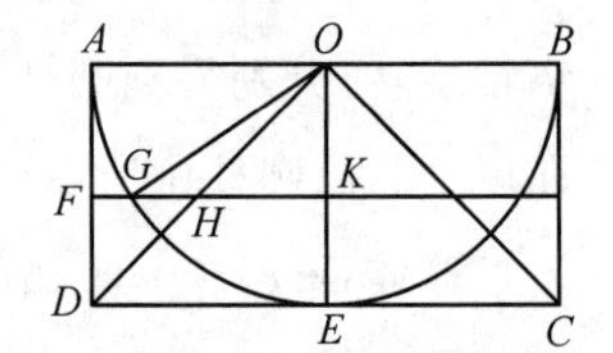

卡瓦列里借助于平面图形:长方形、半圆、等腰直角三角形绕对称轴旋转以获得球体积公式,右图中矩形 $ABCD$,半圆 $ABEG$,等腰直角三角形 DOC,分别表示圆柱、半球、圆锥通过对称轴 OE 的截面,再用平行于半球赤道平面的任意平面截割,FK 表示截割平面的位置,从 $GK^2+KO^2=OG^2$,$GK^2+HK^2=FK^2$ 得出半球所截面积+圆锥所截面积=圆柱所截面积。于是,半球体积+圆锥体积=圆柱体积,从而求得球的体积。

人类早期感兴趣的曲面体体积主要是球体,对于更复杂的体积用初等方法就很难去求解的。在微积分发明以后,只要给出该问题的函数关系,人们借助这一工具就可以解决。对于面积问题也是如此。

2.11 公理与公设

《几何原本》的基本结构是以少量原始的数学概念和不需证明的命题为出发点和逻辑依据,分别称之为定义、公理或公设,然后运用演绎逻辑推理证明其余的命题,从而给出一系列的命题,命题的编排也是由简到繁。这种结构称为公理化结构,由于公理体系已为大家所熟知,所以这里仅谈谈公理与公设。

---

① 韩祥临.数学史简明教程[M].杭州:浙江教育出版社,2003.

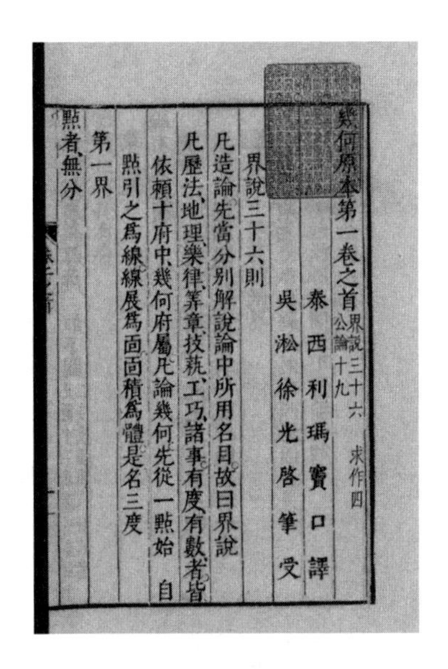
幾何原本第一卷之首 界說三十六 公論十九 求作四

泰西利瑪竇口譯

吳淞徐光啓筆受

界說三十六則

凡造論先當分别解說論中所用名目故曰界說

凡歷法、地理、樂律、筭章、技藝、工巧諸事有度有數者皆

依賴十府中幾何府屬凡論幾何先從一點始 自

點引之爲線線展爲面面積爲體是名三度

第一界

點者無分

《几何原本》中译本

公理与公设是指某门学科中不需要证明而必须加以承认的某些陈述、命题或假设。公理(axiom)是指一切学科的基本命题,而某个特定学科的基本命题则称为公设。公设(postulate)的拉丁文是 petitio,该词最早出现在亚里士多德的著作中。它是指一个并非直接明显的命题,暂时在学术性讨论中不加证明而姑且认可,但参与者则都心照不宣。公设与设定(presumption)不同,后者在辩论时为双方所接受,前者则是暂为一方所存而不论。

亚里士多德就曾认为,公设无须一望便知其为真,但应从其所推出的结果是否符合实际而检验其是否为真。他还指出:公理是适用于一切科学的真理,而公设则只应用于几何。欧几里得接受了这种观点,在《几何原本》中,他把适用于一切数学的基本命题称为公理,而仅适用于几何的基本命题则称为几何公设,给出了如下公理与公设①:

公设 (1)从任一点到任一点作直线(是可能的)。

(2)把有限直线不断沿直线延长(是可能的)。

(3)以任一点为中心和任一距离(为半径)作一圆(是可能的)。

(4)所有直角彼此相等。

(5)若一直线与两直线相交,且若同侧所交两内角之和小于两直角,则两直线无限延长后必相交于该侧的一点。

公理 (1)跟同一件东西相等的一些东西,它们彼此也是相等的。

(2)等量加等量,总量仍相等。

---

① 欧几里得. 几何原本[M],兰纪正,朱恩宽,译. 西安:陕西科技出版社,1990.

(3)等量减等量,余量仍相等。

(4)彼此重合的东西是相等的。

(5)整体大于部分。

这些公理与公设究竟哪些是欧几里得自己的,已很难说清。但公设 5 确实是他自己给出的。欧几里得能认识其需要,足以显示出他的才能。但公设 5 不像其他公设那么直观和明显,后来曾遭到许多人的怀疑和反对,并最终导致了非欧几何的产生。

正是在欧几里得的影响下,数学论文和著作的撰写方式大多采用公理体系的模式。随着数学的不断发展和深入,又产生了许多新的公理。欧几里得的公理和公设大多是不证自明的,而新的公理往往是作为某个学科或研究方向的基础或假设,这些公理往往不再那么不证自明。同时,除了上述五个公设外,人们没有再给出其他公设,也不再区分公理和公设,而都称为公理了。

3. 数学学科

3.1 数学

3.1.1 释义“数”

数(shù)的古体字从攴(pū),娄声。左边“娄”下面的一半表示支架,为了防潮或防御野兽,人类早期存放物品或住宿时,往往用木棍或竹竿搭一个支架。左边“娄”上面的一半表示分层或两层,分层的目的大多是为了防止东西霉变。所以,左半边“娄”的意思为“双层”,引申为“多层”。右边“攵”是“攴”的变形,其甲骨文像手持杖或持鞭击打之形,从“攴”、“攵”旁的汉字,本义大多与鞭打、敲打有关[①],如“牧”、“攻”、“败”等。在现代汉字中,“攴”大多写成“攵”,只有极个别汉字保留着“攴”的写法,如“敲”。

所以,数的本意为点算并敲击确认层数。引申为点算并给出总数,也就是今天所说的数目、数字或计数。

数的古体字

① 许慎. 说文解字[M]. 清代陈昌志刻本.

3.1.2 释义“学”

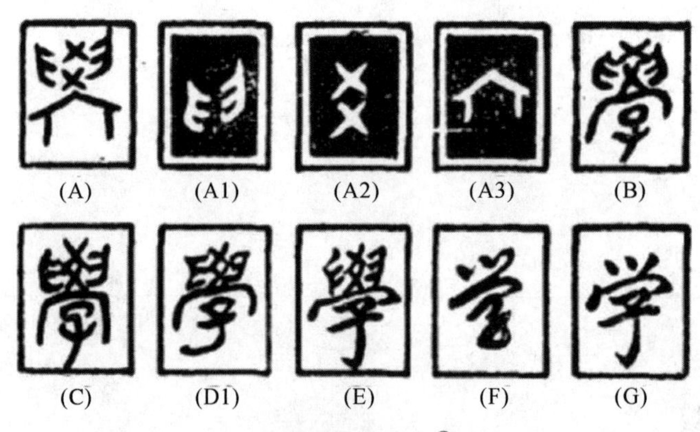

“学”的字体演变①

学，会意字。在字形上，甲骨文中的“学”字是由“两只手朝下的形状(图中 A1，有以两手帮助、扶掖、提携、教导之意)”、“爻(图中 A2，古代组成“八卦”中每一个卦的长横和短横，长短横互相交错成“爻”，便表示物象的变动、变化，知识无穷)”和“一间房子的侧视形(图中 A3，表示这房子是学习的地方)”组成②。

在字义上，“学(jiào)”字的本义是“对孩子进行启蒙教育使之觉悟”，即表示“进行教导”。读作 xué 时原本专用于表示“接受教育”，引申为“互相讨论”、“效法，模仿”、“注释，笺疏”、“讲述”、“知识”等。今天特指某一门类系统的知识。

3.1.3 什么是数学

中国历史上一直把数学称为“算术”或“算学”，意为计算的技术与方法，是古代六艺之一。直到 1936 年 6 月，中国数学会第二次年会审定数学名词时，才改名为数学。

数学这个词源自于古希腊语($\mu\theta\eta\mu\alpha$)，其拉丁文为 mathematica，是科学或知识之意。古希腊学者视其为哲学之起点，称数学是“学问的基础”。数学，作为人类智慧的一种表达形式，它的源泉是人类的社会实践和数学的内部矛盾；它的基础是逻辑和直觉、分析和推理、共性和个性。虽然在数学的发展过程中，不同的学派各自强调不同的侧面，但是只有双方对立的力量相互依存和相互斗争，才真正形成数学科学的生命力、可用性以及至上的价值。

恩格斯

自古以来，有许多数学家、哲学家都曾寻求“数学”的正确定义。

①② 陈政. 字源谈趣[M]. 南宁：广西人民出版社，1986.

由于对于无理数认识的不足，古希腊人认为抽象的数是不可靠的，而依赖于几何的数（称为量）是可靠的。所以，古希腊哲学家亚里士多德认为数学是量的科学。德国古典哲学的开创者康德（1724—1804）认为，数学是思维创造的抽象实体，是总结经验创造出来的。恩格斯（1820—1895）说，数学是研究现实世界的空间形式和数量关系的科学。高斯（1777—1855）则称数学是科学之王。19 世纪末至 20 世纪初，在数学基础的研究中形成了三个唯心主义学派：直觉主义、形式主义和逻辑主义。他们分别把数学看成是直觉创造、形式推导和演绎逻辑，并各执己见，相持不下。

由于数学在不断发展，它研究的对象由数和形拓展到向量、矩阵、结构等更一般、更抽象的概念，数学研究的空间由一维拓展到三维，再到无限维，这些都已超出普通人的生活空间和想象空间。数学在急剧分化，其主要分支已有 100 多个。所以我们很难给数学下一个精确的定义。但在中小学范围内，恩格斯的定义是比较适合的。

3.2 代数

3.2.1 “代数”的由来

中国古代把数学统称为算学，没有“代数”这个词。代数学的英文名称 algebra 来源于 9 世纪阿拉伯数学家花拉子模的著作。该著作名为“ilmal-jabr wa'l muqabalah”，原意是“还原与对消的科学”。这本书传到欧洲后，简译为 algebra。清初曾传入中国两卷无作者的代数学书，被译为《阿尔热巴拉新法》，这种翻译是音译，并没有反映出 algebra 的实质，在当时也没有引起中国人的关注。

花拉子模

直到清代数学家李善兰才给出今天的译名。李善兰，原名李心兰，字竟芳，号秋纫，别号壬叔，浙江海宁人，中国近代著名的数学、天文学、力学和植物学家，创立了二次平方根的幂级数展开式，研究了各种三角函数、反三角函数和对数函数的幂级数展开式，这也是 19 世纪中国数学界最重大的成就。

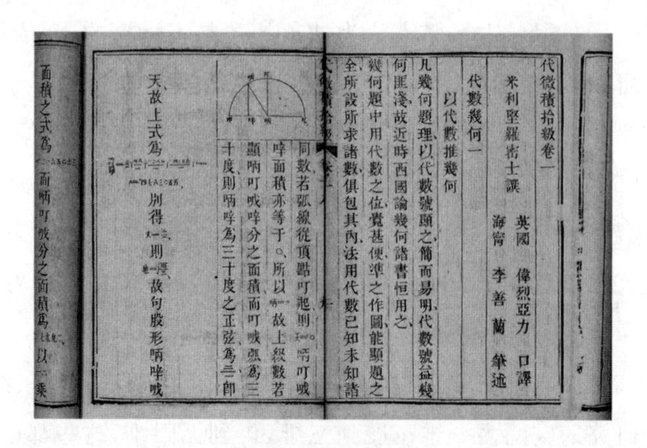

代微積拾級卷一

米利堅羅密士譔　英國　偉烈亞力　口譯

海甯　李善蘭　筆述

代數幾何一

以代數推幾何

凡幾何題理以代數號顯之簡而易明代數號益幾何匪淺故近時西國論幾何諸書恒用之

幾何題中用代數之位覺甚便凖之作圖能顯題之全所設所求諸數俱包其內法用代數已知未知諸

《代微积拾级》首页

1859 年,李善兰和英国传教士伟烈亚力(1815—1887)合译英国数学家德·摩根(1806—1871)的“Elements of Algebra”(1835)时,将 Elements 译为“原理”,但 Algebra 如何翻译呢?李善兰没有因循守旧,他破天荒第一次把 Algebra 这一甚至在欧洲也沿用了近千年的音译词意译为“代数”!李善兰非同寻常的创意源自一个显浅朴素的认识:Algebra 的特征乃是以符号或字母代替数。这样,李善兰就给出了“代数”这个词的本义:用字母代替数。从此沿用至今。

李善兰

伟烈亚力

1859 年,英国传教士伟烈亚力和李善兰翻译出版了《代微积拾级》。李善兰在译序中说:“是书先代数,次微分,次积分,由易而难,若阶级之渐长”,故名《代微积拾级》。该书的前九卷讨论用代数方法求解平面解析几何问题,李善兰称之“代数几何”(后来改为解析几何)。在《代微积拾级》中,李善兰把西方的解析几何和微积分第一次介绍到中国,给出了第一个有 330 个英文数学名词及译名构成的对照表,创造性地翻译了一批数学术语:代数、微分、积分、系数、级数、常数、变数等。

3.2.2 初等代数

代数学是研究数、数量、关系与结构的数学分支,可分为初等代数学和抽象代数学两部分。中学里学习的代数称为初等代数，又称为古典代数，是算术的推广和发展。它主要是用较为普遍的方法来解决算术里积累的数量问题。初等代数主要包括数的概念、代数式的恒等变形、方程(组)、不等式以及指数和对数。所有这些都是为解方程做准备的。所以，从历史上看，代数是以解方程为中心发展起来的。今天我们学习了函数之后，方程的解可以看成是函数的零点，这样函数便成为代数的中心。

代数最初是用文字来叙述的，我们称之为文辞代数。巴比伦、古埃及、《九章算术》时代的中国、7 世纪初的印度、15 世纪以前的阿拉伯、15 世纪的西欧其代数主要为文辞代数。在这期间，9 世纪阿拉伯的花拉子模对代数的贡献是巨大的，他给出了我们今天解方程的基本法则：移项、合并同类项。随着代数学的发展，人们开始采用缩写的方法来表示常用的量和运算，也使用了一些符号。这种代数就称为简化代数(或称半符号代数)。古希腊和印度对此做出了较大的贡献。

真正的代数学是符号代数，即用符号组成的表达式来显示解题的过程。11 世纪，代数成为一门单独的数学分支。15 世纪开始，欧洲的数学家创立了大量的数学符号。到 16 世纪，他们开始有意识地建立数学符号体系，经过不断努力，符号体系终于在 17 世纪完成。这期间，韦达的贡献是突出的。

韦达第一个有意识和系统地使用字母来表示已知数、未知数及其乘幂，带来了代数学理论研究的重大进步。《分析方法入门》是韦达最重要的代数著作，也是最早的符号代数专著，书中第 1 章应用了两种希腊文献：帕波斯(约 300—350)的《数学汇编》第 7 篇和丢番图著作中的解题步骤结合起来。韦达认为代数是一种由已知结果求条件的逻辑分析技巧，并自信希腊数学家已经应用了这种分析术，他只不过将这种分析方法重新组织。韦达不满足于丢番图对每一问题都用特殊解法的思想，试图创立一般的符号代数。他引入字母来表示量，并将这种代数称为“类的运算”，以此区别于用来确定数目的“数的运算”。

韦达

1591 年，韦达完成了著作《论方程的识别与订正》，在他去世后由他的朋友 A. 安德森在巴黎出版。该书的主要成就是：①给出了一系列有关方程变换的公式；②得到了 G. 卡丹三次方程和 L. 费拉里四次方程解法改进后的求解公式；③给出了著名的韦达定理。1600 年，韦达出版了《幂的数值解法》一书，又探讨了代数方程数值解问题。

3.2.3 高等代数

1. 高等代数的内容

初等代数求解从最简单的一元一次方程开始，一方面研究一元二次以及可以转化为一元二次的方程，另一方面进一步讨论二元及三元的一次方程组。沿着这两个方向继续发展，当发展到讨论任意多个未知数的一次方程组（也叫线性方程组）以及研究次数更高的一元方程或多元高次方程组这个阶段时，就叫做高等代数。

高等代数是代数学发展到高级阶段的总称，它包括许多分支。现在大学里开设的高等代数，一般包括三部分：线性方程组、二次型理论和多项式代数。

在高等代数中，多元一次方程组发展成为线性代数理论，多元二次方程组发展成为二次型（n 个变量上的二次齐次多项式）；而二次以上的一元方程（也称为“多项式方程”）发展成为多项式理论。前者是向量空间、线性变换、型论、不变量论和张量代数等内容的一门高等代数分支学科，后者是研究只含有一个未知量的任意次方程的一门高等代数分支学科。而五次和五次以上的一元高次方程的根式解理论，发展成抽象代数；高次方程组的求解理论发展成为一门比较现代的数学理论——代数几何。

2.行列式

线性代数是高等代数的一大分支。我们知道一次方程叫做线性方程，讨论线性方程及线性运算的代数就叫做线性代数。在线性代数中，最重要的内容就是行列式和矩阵。行列式和矩阵的概念就是因线性方程组的求解而产生的，反过来，行列式和矩阵的理论又为线性方程组的求解打下了良好的基础。

关孝和

行列式在数学中是一个函数，其定义域为 det 的矩阵 A，取值为一个标量，记作 det(A)或| A |。首先提出行列式概念的是日本数学家关孝和(1642—1708)。关孝和 1642 年生于日本的江户（另一说是 1637 年生于日本的上野国），自幼聪明好学，尤擅计算。他的研究成果奠定了和算的基础，被日本尊称为“算圣”。关孝和的著作很多，有近 20 部，但生前只出版过一部《发微算法》(1674)，去世后其弟子对他的遗稿作了整理，出版了《括要算法》，其余手稿均未正式出版。他在 1683 年写的《解伏题之法》中含有了行列式的原始概念，并介绍了它的展开方法。日本数学在许多方面继承于中国，关孝和曾对中国数学作过深入研究，中国古代解线性方程组的思想方法已经隐含了行列式概念的萌芽（如盈不足术）。关孝和的数学思想可能是受中国数学的启发。

欧洲对线性方程的研究是从莱布尼兹开始的。在解含两个未知数 x 和 y 而由三个方程组成的线性方程组时，他采用系数分离法，消去两个未知量，得到一个行列式。并指出这个行列式等于零，就必须存在一组 x 和 y 以满足这三个方程。但莱布尼兹没有提出行列式的名称，更没有将行列式反馈为解线性方程组的工具。

马克劳林

1729 年，英国数学家马克劳林(1698—1746)首次用行列式的方法去解含两个、三个和四个未知数的线性方程组。他明确地给出了行列式的基本概念以及展开法则。

1750 年，瑞士数学家克莱姆(1704—1752)在《线性代数分析导言》中用比马克劳林更完整的形式阐述了行列式的定义和展开法则，这就是后来著名的克莱姆法则。他用这个方法求得一个五元线性方程组的解。

1764 年，法国数学家别朱把确定行列式每一项的符号的方法系统化，并指出如何判断一个齐次线性方程组有非零解。此后，拉普拉斯又得出了用行列式表示的非齐次线性方程组有非零解的条件。

首次把行列式理论与线性方程组的求解相分离，从而把行列式作为一个专门理论进行研究的是法国数学家范德蒙(1735—1796)，他建立了行列式展开法则，用子式和代数余子式表示一个行列式。所以人们把范德蒙作为行列式理论的奠基者。1815 年，法国数学家柯西给出了行列式的乘法定理，第一个把行列式的元素排成方阵，采用双足标记；引进了行列式的特征方程术语，给出了相似行列式的概念。经过拉普拉斯、阿达玛(1865—1963)等人的努力，至 19 世纪末，行列式的理论已基本完善。早在 17—18 世纪，行列式主要应用于解线性方程组，自 19 世纪初经英国数学家西尔维斯特(1814—1897)的努力，把行列式的应用范围扩展到求两个高次方程的公共解及对二次曲线、二次曲面的分类上。1841 年，德国数学家雅可比(1804—1851)发表了《论行列式的形成与性质》，总结了行列式的发展，并对行列函数作了深刻的研究。同年，他还发表了关于函数行列式的研究文章，给出函数行列式求导公式及乘积定理。英国数学家凯莱(1821—1895)于 1841 年对数字方阵两边加上两条竖线，给出了行列式今天的形式。

2. 矩阵

西尔维斯特

1848 年，英格兰的西尔维斯特首先提出了“矩阵”(matrix)这个词，它来源于拉丁语，代表一排数。1857 年，英国数学家凯莱创立了今天表示矩阵的符号，并建立了矩阵的运算法则。矩阵其意为由线性方程组的系数所排列起来的矩形阵式，与中国古代“方程”的概念意义相合。因此可以说，矩阵的概念最早是出现在中国的《九章算术》中。所不同的是，西尔维斯特是在碰到线性方程组的方程个数与未知量个数不等，无法使用行列式概念的时候，提出“矩阵”这个词的。中国古代则是直接从解线性方程组产生的。《九章算术》在利用矩阵解线性方程组方面已经发展得相当成熟了。但是,中国只停留在用矩阵解线性方程组,而没有作为一个独立的概念加以研究,从而没有建立起独立的矩阵理论。

1855 年,凯莱把矩阵作为一个独立的数学概念提出,成为数学研究的基本对象。他研究了线性变换的组成并提出了矩阵乘法的定义,矩阵的逆在内的代数问题,进而建立了系统的矩阵理论,被公认为矩阵的创始人。

由凯莱的矩阵理论可知,矩阵像数一样可以定义相等并进行运算,由此我们再次看到事物之间是相互联系的。一个新概念、新方法的产生并不是凭空臆造的,而是原有知识的推广和联想,这里思维的开拓和发散是极为重要的。凯莱指出矩阵的乘法是可结合的,但不像数的乘法那样是可交换的,而是不可交换。

凯莱

行列式的基本公式 det(AB)=det(A)det(B)为矩阵代数和行列式间提供了一种联系。在把特征方程的概念用于矩阵论时,他给出了一个定理,即著名的凯莱-哈密尔顿定理:若在矩阵 M 的特征方程 $|M-xI|=0$ 中以 M 代 x ,则所得的矩阵是零矩阵。这个定理后来由德国数学家弗罗伯尼乌斯(1849—1917)给出了证明。

法国数学家柯西首先给出了特征方程的术语,并证明了阶数超过 3 的矩阵有特征值及任意阶实对称行列式都有实特征值;给出了相似矩阵的概念,并证明了相似矩阵有相同的特征值;研究了代换理论。

我们都熟知下列的定理:矩阵 A 等价于矩阵 B 的充要条件是 A 和 B 有相同的“初等因子”或“不变因子”。这里“初等因子”和“不变因子”的概念是维尔斯特拉斯在研究行列式时提出的,弗罗伯尼把它们移植到矩阵理论中来,并进一步建立起不变因子和初等因子的理论。相似矩阵的理论起源于行列式的早期研究工作,弗罗伯尼引用了逆变换的概念来解决两矩阵间的相似变换,并给出了合同矩阵的定义,产生了合同变换。

整个 19 世纪是矩阵论的大发展时期,除上述之外,德国数学家约当(1838—1922)解决了把矩阵化为标准型的问题,证明了对任一矩阵 A ,均可找到一个非奇异矩阵 T ,使 TAT^{-1} 为 A 的约当标准型。

大约在 1800 年,高斯提出了高斯消元法(矩阵变换),今天我们把这种方法称为“高斯消去法”。事实上,至少在《九章算术》时期,中国人早就运用这种方法求解线性方程组。

约当

因为向量可以看成特殊的矩阵,所以研究向量代数就提到日程上来了。1844 年,德国数学家格拉斯曼(1809—1877)出版了

《线性扩张论》一书，给出了不可交换向量积的向量代数。

19 世纪末，美国数学物理学家吉布斯(1839—1903)发表了关于《向量分析基础》，为向量代数奠定了基础。此后物理学家狄拉克(1902—1984)明确提出了行向量和列向量的乘积为标量。1888 年，皮亚诺提出了现代向量空间的定义。至此，向量代数的理论基本完善。

格拉斯曼

吉布斯

矩阵的出现，起初是数学表达形式的改变，是数学工具的创新，后来才成为专门的研究对象。现在行列式和矩阵都被推广到无限阶；矩阵论本身也包含了许多分支，内容十分丰富，正从矩阵代数走向矩阵分析。矩阵论也得了广泛的应用，成为物理、化学和管理学科的主要数学工具之一。

4. 二次型

我们把 n 个变量的二次多项式称为二次型。二次型的系统研究起源于 18 世纪对二次曲线和二次曲面的分类讨论。其目的是通过对方程进行变形，选有主轴方向的轴作为坐标轴，以简化方程的形状；而当方程是标准型时，二次曲面可用二次型的符号来进行分类[①]。

18 世纪，西尔维斯特给出了 n 个变数的二次型的惯性定律。后来，雅可比重新发现和证明了这个定理。1801 年，高斯在《算术研究》中引进了二次型的正定、负定、半正定和半负定等术语[②]。

拉格朗日在其关于线性微分方程组的著作中，首先明确地给出了特征方程这个概念。法国数学家阿歇特(1769—1834)、蒙日(1746—1818)和泊松(1781—1840)建立了三个变数的二次型的特征值的实性问题。柯西解决了特征方程在直角坐标系任何变换下的不变性问题，又证明了 n 个变数的两个二次型能用同一个线性变换同时化成平方和。

---

① 张远达. 线性代数原理[M]. 上海：上海教育出版社，1980.

② O'Meara T. Introduction to Quadratic Forms [M]. Berlin, Heidelberg: Springer-Verlag. 2000.

蒙日

泊松

柯西

1851,西尔维斯特引进了初等因子和不变因子的概念。1858年,维尔斯特拉斯对如何“同时化两个二次型成平方和”的问题,给出了一个一般的方法,比较系统地完成了二次型的理论,并将其推广到双线性型。

3.2.4 抽象代数

抽象代数是研究各种抽象的公理化代数系统的数学学科。抽象代数又称近世代数,它产生于19世纪人们对一元五次和五次以上的方程是否存在根式解的探讨。1832年,法国数学家伽罗瓦(1811—1832)创造了“群”的概念,运用不变子群的理论彻底解决了上述问题,即一般的一元五次及五次以上的方程,没有根式解。

伽罗瓦

正是因为上述原因,人们把伽罗瓦称为近世代数创始人。有了群论,代数学便由以解方程为中心的科学,开始向以研究代数结构为中心的科学转变。此后,数学家将个别的演算经用抽象手法将其共性的内容升华出来,并达到更高层次,这就诞生了抽象代数。

抽象代数包含有群、环、理想、可除代数、域等诸多分支,并与数学其他分支相结合产生了代数几何、代数数论、代数拓扑、拓扑群等新的数学学科。今天,抽象代数已经成为现代数学的三大支柱(抽象代数、泛函分析和代数拓扑)之一,是当代大部分数学的通用语言,也是现代计算机理论的基础之一①。

环论的创始人诺特

① 雅格布斯.抽象代数讲义[M].世界图书出版公司,2013.

3.3 几何

3.3.1 “几何”一词的由来

“几何”一词最早来自于希腊语“γεωμετρία”，由“γεα”（土地）和“μετρεῖν”（测量）两个词合成而来，指土地的测量，即测地术。后来转化为拉丁语“geometria”（英文 geometry）。由于中国古代把与数学有关的内容统称为算学，所以对中国来说“几何”作为一门学科名词，它是一个外来词。

欧几里得

《几何原本》

1607 年，中国徐光启与意大利传教士利玛窦合译欧几里得的《几何原本》前六卷出版，这是第一本从拉丁文译过来的数学著作，没有对应的词汇，许多词都是从无到有，边译边创造。因为“几何”在古汉语中是“数量大小或多少”之意，中国古代数学题中也常常问“某某几何？”又与 geo 音相近，于是就把它作为与 geometria 相对应的数学名称而定名了[1]。这是目前比较流行的说法。但是利玛窦与徐光启当年所译《几何原本》（前 6 卷）的底本为“Euclidis Elemento run Libri Ⅵ”，这是利玛窦的老师克拉维斯对《几何原本》的评注本，直译为“欧几里得原本 15 卷”，整本书中并没有“geometria”这个词，“几何”一词是徐光启加上去的。而事实是：“几何”是拉丁文 magnitudo（量）的译文[2]。量是依赖形而存在的数，几何原本实质上是关于量的科学。徐光启转借了“中国古代常用几何”表示多少之意，来表示欧几里得的量。另外，同时代还存在着另一种译名叫形学。1857 年，李善兰与伟烈亚力续译《几何原本》后 9 卷出版后，也沿用了几何之名，但直到 20 世纪中期，“几何学”才全部代替“形学”。正是徐光启与李善兰共同翻译了完整的《几何原本》，才有了今天汉语中的许多数学词汇，如角、直线、平行线、三角形等。

---

① 欧几里得．几何原本[M]，兰纪正，朱恩宽，译．西安：陕西科技出版社，1990.

② 杨全红，唐昉．“几何”一词的来龙去脉[M]．上海翻译，2011(3)：74-78.

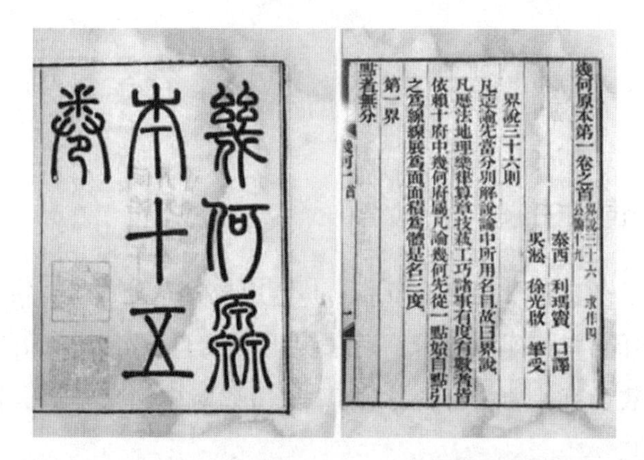

幾何原本十五卷

幾何原本第一卷之首 界說三十六 公論十九 求作四

泰西 利瑪竇 口譯

吳淞 徐光啟 筆受

界說三十六則

凡造論先當分別解說論中所用名目故曰界說

凡歷法地理樂律算章技藝工巧諸事有度有數者皆依賴十府中幾何府屬凡論幾何先從一點始自點引之爲線線展爲面面積爲體是名三度

第一界

點者無分

徐光启与利玛窦译《几何原本》前6卷

幾何原本第十二卷 論體二

英國 偉烈亞力 口譯

海甯 李善蘭 筆受

例有兩不等幾何大幾何累次去大半若干次後所餘必小於小幾何

解曰設甲乙及丙二幾何甲乙大於丙例言甲乙丙去大半所餘又去大半累次去之必至小於小幾何丙

論曰若累次倍丙必至大於大幾何甲乙如丁戊爲丙之若干倍大於甲乙分丁戊爲丁己己庚庚戊三分各等於丙甲乙內去其大半乙辛乙辛內又去其大半辛子累次去之至甲乙內之幾分與丁戊內之幾分等卽甲子子辛辛乙若干分與丁己己庚庚戊若干分等丁戊既大於甲乙而丁戊所去戊庚爲小半甲乙所去乙辛爲大半則餘庚丁必大於辛甲又庚丁既大於辛甲而庚丁內所去庚己爲其半辛甲內所去辛子爲大半則餘丁己必大於甲子惟丁己等於丙故丙大於甲子而甲子小於丙所以大幾何甲乙之餘分甲子小於小幾何丙若累去大幾何之半理同

又論曰甲乙及丙二幾何丙小於甲乙累次倍丙必至

幾何十二 一

李善兰与伟烈亚力续译《几何原本》后9卷

徐光启

利玛窦

另外,《几何原本》的希腊文“Στοιχεῖα”是“诸原理”之意,英译 Elements 保留了此意。为什么中文译成“原本”呢？利玛窦在引言中说得很清楚:曰“原本”者,明几何之所以然,凡为其说者无不由此出也。

3.3.2 早期的几何

恩格斯说："数学是从人们的实际需要中产生的；是从丈量土地和测量容积，从计算时间和制造器皿产生的。"[①]数学的原始对象是现实世界的空间形式和数量关系，数学就是围绕着形和数这两个基本概念的提炼、演变而产生、发展起来的。

形是人类所认识的数学概念中最早的基本概念之一。通常，人们把与图形的形状、大小和位置关系相联系的内容统称为几何（或几何学）。几何是数学中最古老的分支之一，中国、巴比伦、埃及、印度和希腊都是几何的重要发源地，其中最具代表性的是古代中国和古希腊。

初等几何的发展大体上经历了三个阶段：无意识几何、实验几何和论证几何。无意识几何是指最初人们关于几何概念的朦胧认识，是人们对自然界所感触到的一切物体的大小、形状和位置关系在大脑中的直接印象。它可以追溯到远古时代，那是在人们的认识能力所及的范围内，由一些简单的观察无意识地产生的。

最早的几何概念之一是位置。每一个人、每一个动物和每一件物体在空间中都有一定的位置，这个位置的进一步抽象就是我们几何中的点。位置的移动必然经过一定的路径，这就形成了距离或线的概念。随着社会实践活动的逐步深入，人们逐步认识到了更多的几何概念，如由观察人的大小腿或上下臂之间构成的形状，产生了角的概念；由太阳和满月想到圆；由抛出的石头所经过的路径认识到抛物线；由树干想到圆柱；由果实想到球形等。

在无意识几何中，几何图形的观念是主要的。除了太阳、月亮等规则图形外，通过狩猎、编织、制轮和建房等实践，人们造出了一些形状规则的几何体。这就为不断出现且能世代相传的制品提供了互相比较的机会，使人们可以从中找出共同之处，形成抽象意义下的几何图形。从历史上看，人类制造图形的实例很多，如考古学上称为尖锥器的石器，是一种近似的锥体；在山西省襄汾县丁村发现了一批几万年前原始人制造的球状工具；在甘肃省景泰县张家台出土的新石器时代的彩陶罐上有很规则的平行线、三角形、圆弧等几何图形；在西安半坡遗址发现了圆形和正方形屋基；在公元前4000—前3500年埃及陶器上和波斯尼亚新石器时代陶器上的彩纹，有平行线等图形。

---

① 恩格斯. 自然辩证法[M]. 北京：人民教育出版社，1984.

新石器时代锯齿菱格纹彩陶罐

新石器时代涡纹彩陶罐

当人们的智力发展到一定阶段,已经能够从一组具体的几何关系归纳出一个一般的抽象关系时,人们就开始从实践中总结出某些几何知识,并通过实验来研究几何,以获得新的几何知识,这个阶段的几何就称为实验几何。

实验几何的中心课题是通过观察、实验,来认识现实世界(空间)的各种物体(几何图形)的形状以及相互关系(位置),把握空间的基本概念和基本性质。从方法论的观点来看,实验几何就是从一些直观的几何现象中通过实验分析,发现几何问题的内在本质和相互关系,提出几何思想,从而去解决问题。这种方法在几何乃至整个科学发展的不同层次上,都起着重要的作用,即使人类文化高度发展的今天,依然值得我们去借鉴和使用。实验几何的主要思想就是归纳、类比和联想。如古代中国曾这样来求球的体积:用黄金做成边长为1寸的正方体,称得重量为16两;再用黄金做成直径为1寸的球,称得重量为9两。由此归纳出球的体积为$\frac{9}{16}D^3$(D为球的直径)。古埃及曾通过实验观察,认识到直径为D的圆的面积与边长为$\frac{8}{9}D$的正方形的面积"相等",于是得出圆面积为$\left(\frac{8}{9}D\right)^2$。阿基米德曾通过力学中的平衡原理,求出球的体积为$\frac{4}{3}\pi r^3$($r$为半径)。帕斯卡在孩童时代,折叠用纸剪成的三角形,得出了三角形的内角和等于一个平角的结论。在几何发展史上,这种实例举不胜举。通过这种手段,人们获得了大量几何知识,解决了一些比较复杂的几何问题。

随着知识的不断积累以及认识事物能力的不断提高,人们逐步发现:由实验所得到的几何知识不一定是可靠的。如对球的体积公式$\frac{9}{16}D^3$,至3世纪,中国刘徽通过论证就指出这一公式是粗疏的,此后,祖冲之及其儿子祖暅又给出了正确公式。阿基米德对用力学平衡方法所得的球积公式也不满意,又进行了严格的数学论证。这些都是以一定的基本事实(基本概念、定理、公理)为出发点,经过演绎

祖冲之

推理，以求得正确结果，这种几何就称为论证几何。

论证几何的精髓就是演绎推理。演绎是由一般到特殊的推理方法，演绎推理的典型形式是由大前提、小前提和结论三部分组成的三段论。演绎推理的前提和结论之间有着必然联系：只要前提正确，推理合乎逻辑，所得结论一定正确。因此，演绎推理被用作数学中严格证明的工具。演绎思想的训练贯串于数学教学的全过程。学习演绎法有利于培养学生思维的严谨性和对数学结论的确信性，同时可以提高他们的准确表达能力。欧几里得的《几何原本》是论证几何的典范，给出了人类历史上第一个公理体系。

3.3.3 圆锥曲线

圆锥曲线亦称圆锥截线（简称锥线），它是不过圆锥顶点的平面与圆锥面的交线。设圆锥的半顶角为α、平面与圆锥的轴所成的角为θ，则：当$\theta=\alpha$时，截面和圆锥的一条母线平行，交线称为抛物线；当$\alpha<\theta\leqslant\pi/2$时，截面和所有的母线相交，交线称为椭圆，特别当$\theta=\pi/2$时，交线是圆；当$0\leqslant\theta<\alpha$时，截面和两条母线平行，交线称为双曲线。因此，我们把抛物线、椭圆和双曲线统称为圆锥曲线。

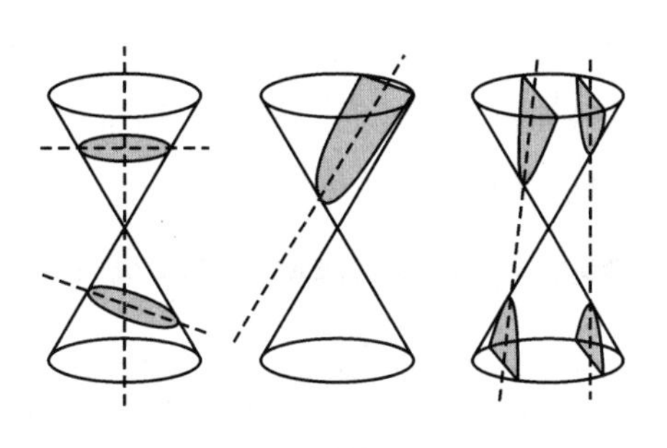

圆锥曲线

如果平面过圆锥的顶点，截面与圆锥面的交集有以下几种情况：当$\theta=\alpha$时，平面与圆锥面相切于圆锥的一条母线，可视为退化的抛物线；当$\alpha<\theta\leqslant\pi/2$时，平面与圆锥面有唯一公共点（圆锥的顶点），可视为退化的椭圆；当$0\leqslant\theta<\alpha$时，平面与圆锥面相交于两条母线，可视为退化的双曲线。这些交集统称为退化圆锥曲线。一般所谓的圆锥曲线，是指非退化的圆锥曲线。

在平面仿射坐标系中，圆锥曲线的方程都是二元二次方程，因此，圆锥曲线又称为二次曲线，而且平面与任何二次曲面的交线总是二次曲线。例如，圆柱的斜截口即为椭圆。设想在圆锥的顶点V处放一点光源，圆在灯光下的阴影一般时圆锥形的。因此，圆锥曲线是圆在中心投影下，在不同平面上的射影。椭圆、抛物线、双曲线与圆在中心投影下互变的规律性对于航空测量（高空照片的分析）和透视学研究具有重要意义。

圆锥曲线的最早研究者是古希腊学者梅内克缪斯（约公元前380—前320）。他取顶角分别为直角、锐角和钝角的三种直圆锥，再以不过顶点而垂直一条母线的平面截割这三种圆锥曲面，从而分别得到了抛物线、椭圆和双曲线的一支。

圆锥曲线的突破性进展是由古希腊数学家阿波罗尼奥斯（约公元前 262—前 190 年）完成的。阿波罗尼奥斯是小亚细亚佩尔格（Perga 或 Perge）地方的人。他年轻时曾在亚历山大城跟随欧几里得的后继者学习数学，而后成名。阿波罗尼奥斯常和欧几里得、阿基米德合称为亚历山大前期三大数学家。大约在公元前 300 年到前 200 年，这是希腊数学的全盛时期或"黄金时代"。阿波罗尼奥斯的贡献涉及几何学和天文学，其中最重要的数学成就是在前人的基础上创立了圆锥曲线理论，集中体现在著作《圆锥曲线论》中。这部巨著对圆锥曲线研究达到了惊人的高度，直至 17 世纪笛卡尔、帕斯卡方才超越。《圆锥曲线论》共 8 卷，含 487 个命题。前 4 卷是基础部分，后 4 卷是拓广内容。前 4 卷的希腊文本和后 4 卷中的前 3 卷阿拉伯文本保存了下来，最后 1 卷已遗失。

阿波罗尼奥斯

阿波罗尼奥斯在《圆锥曲线论》中指出，同一圆锥的不同截曲线可以是抛物线（齐曲线）、椭圆（亏曲线）和双曲线（超曲线）。他深入研究了圆锥曲线的共轭直径、切线和法线及其性质，给出了圆锥曲线的极点和极线的性质。

9 世纪阿拉伯文《圆锥曲线论》抄本

阿波罗尼奥斯推广了梅内克缪斯的方法，证明了三种圆锥曲线都可以由同一个圆锥体截取而得，并给出抛物线、椭圆、双曲线、正焦弦等名称。书中已有坐标制思想。他以圆锥体底面直径作为横坐标，过顶点的垂线作为纵坐标，这对后世建立坐标几何启发很大。

阿波罗尼奥斯在亚历山大城演示几何学的场景

《圆锥曲线论》的主要成就是建立了完美的圆锥曲线论，总结了前人在这方面的工作，再加上自己的研究成果，将圆锥曲线的性质网罗殆尽，几乎使后人没有插足的余地。直到17世纪的帕斯卡、笛卡尔，才有实质性的推进。欧托基奥斯(约生于480年)在注释这部书时说，当时的人都称他为“大几何学家”。

帕斯卡

笛卡尔

自从笛卡尔引进坐标系以来，英国数学家沃利斯最先把圆锥曲线当作二次曲线加以讨论。在他的《论圆锥曲线》中，第一次摆脱了过去把圆锥曲线视为圆锥的截线的纯几何观念，把阿波罗尼奥斯的几何条件转化为代数条件，熟练地运用笛卡儿坐标法来讨论二次曲线，第一个证明了动点坐标 x, y 的二元二次方程与几何里的圆锥曲线对应，并开始用方程的理论来研究曲线的性质。

沃利斯

16至17世纪，机械工业的诞生和航海、建筑、造船、采矿等事业的不断发展，推动了天文学和力学的发展。这时，人们发现了行星的轨道是椭圆的，力学上确定了抛射体的轨道是抛物线等。这就迫切需要对圆锥曲线进行深入研究。至18世纪，由于欧拉等人的努力，圆锥曲线的现代理论终于建立起来了。

3.3.4 解析几何

1.“解析几何”一词的由来

解析几何是用代数的方法解决几何问题的学科，是几何的分支之一。中国早期没有自己创立解析几何，所以解析几何是从西方传入的。解析几何的内容第一次出现在李善兰的《代微积拾级》(1859)中①，该译本的底本是罗密士的“Elements of Analytical Geomitry and of Differential and Intergral Calculus”②，解析几何为前9卷(全书18卷)，只有平面解析几何。该书前9卷的中心是用代数方法分析几何问题，把代数方程与圆锥曲线联系起来。其处理问题的基本思路是，先假定所求的几何量是已知的，然后去寻找这个几何量所满足的方程，再从这个方程中求出(画出)所求几何量。这种方法主要是借助了代数的方法，所以李善兰和伟烈亚力没有把书名中“Analytical Geomitry”翻译成解析几何，伟烈亚力在书的序言中称：“而圆锥曲线与他曲线，统归一例，无或少异，此代数几何学也。自由代数几何，而微分学之用益大。”可见，他们是根据书中的内容翻译成代数几何的。

1899年，谢洪赉、潘慎文翻译罗密士的“Elements of Analytical Geomitry”③，译名为《代形合参》④，这是第一本全面系统介绍解析几何的中文书。《代形合参》序言称：“合代数形学之术，遂有以探算学之奥，阐数理之幽。”书中将“Analytical Geomitry”翻译成代数形学，也没有出现“解析几何”这个词。

从中国的文化上看，“解析”一词出自《宋史・儒林传一・孙奭》：“有从奭问经者，奭为解析微指，人人惊服。”解析的字面意思就是剖析，即深入分析或拆解分析之意。它是指从结论出发寻找论据，直到已知，即执果索因。而“综合”是执因索果，从条件出发，用演绎方法来探索结论，所以“解析”与“综合”正好相反，具有“归纳”“分析”的含义，也与“Analytical”一致。所以，1902年，清政府制定《钦定学堂章程》时(此章程没有实施)，规定了各学段必须学习的数学课程，才第一次把“Analytical Geomitry”称为解析几何。

2.解析几何的发展

解析几何的发展包括三个主要步骤：①坐标系统的发明；②对几何与代数之间一一

---

① E.罗密士、代微积拾级[M].李善兰，伟烈亚力，译.上海：墨海书馆，1859.

② Elias Loomis. Elements of Analytical Geomitry and of Differential and Intergral Calculus [M]. New York: Harper and Brother Publisher, 1852.

③ Elias Loomis. Elements of Analytical Geomitry [M], New York: Harper and Brother Publisher, 1881.

④ E.罗密士.代形合参[M].谢洪赉，潘慎文，译.上海：华美书馆，1899.

对应关系的认识；③函数 $y=f(x)$ 的坐标图示法。

在古代中国，自从张衡和裴秀为定量制图学奠定了基础之后，网格子作图法一直流行。中国传统数学自有史以来，就将形与数紧密结合起来，用一般化的代数形式来表示几何命题，并且尽管他们也利用几何图形（如《海岛算经》），但研究办法则全然是代数的。遗憾的是当时中国的曲线几何还没有发展到可与代数相联系的程度。

在欧洲，古希腊人在天文和地理方面也曾使用坐标，尤其是阿波罗尼奥斯著《圆锥曲线》，将圆锥曲线的性质网罗殆尽，给出了内容丰富的圆锥曲线几何。但古希腊人将数与几何量严格区分，一个量相当于某个线段的长度，两个量的乘积相当于某个矩形的面积；三个量的乘积相当于某个长方体的体积。三个以上量的乘积，希腊人就没法处理了。而且这些量之间的和差是没有意义的。如方程 $ax^2+bx+c=0$ 没有几何意义，因为方程中各项量纲不同。古希腊在代数方面的缺陷更甚于中国在几何上的缺陷。阿波罗尼奥斯的工作虽然走到了解析几何的入口处，但也只好就此而止。

16 世纪，欧洲文艺复兴掀起了以复兴古希腊、古罗马文化为旗帜的思想革命，带来了欧洲古典文化和学术的繁荣。崇尚数学的思想在当时的科学家心中再度复苏。对自然科学如天文学、力学、航海等前沿学科发展的迫切需要，又成为欧洲揭开数学史新篇章的根本动力。17 世纪中叶，伽利略、开普勒（1571—1630）等人不仅在天文学和经典物理学上做出了奠基性的贡献，而且开创了近代自然科学的研究方法，即把实验方法与数学方法成功地结合起来。这是有划时代意义的贡献，是数学观和数学方法论的重大突破。在这种背景下，提出了用运动的观点来研究圆锥曲线和其他曲线问题，以及求解这些问题所必须采取的一般方法。

伽利略

开普勒

这时，以中国、印度和阿拉伯为代表的东方数学已经传入欧洲。东方发达的代数像磁铁一样将欧洲学者的兴趣由演绎推理的纯几何吸引到用代数解决实际问题这个方向上来。这样欧洲的数学由原来古希腊的用几何方法来解决代数问题，一下子发生了逆转，变为用代数的方法解决几何问题。

16 世纪末,欧洲的代数已相当完善。这样,原来只用几何这一条腿走路的欧洲,现在竟拥有了几何和代数这两条腿,其发展速度就可想而知了。1591 年,韦达著《分析学引论》,系统使用符号表示已知数和未知数,确立了符号代数,使代数从一门过去以解决特殊问题侧重于计算的数学分支,演变为一门以研究一般类型的形式和方程的学问。这种符号化的倾向不仅是变量数学产生的前提,而且也加深了对解方程理论的研究。1607 年,韦达的学生格塔尔底(1566—1627)发表《各种问题汇编》,专门对几何问题的代数解法作了系统的研究。1630 年,格塔尔底在《数学的分析与综合》中对用代数方法解几何问题进行了更详细的讨论。次年,英国的哈里奥特发表《实用分析学》,对韦达和格塔尔底的思想进行引申和系统化。这为几何与代数的结合铺平了道路。这种依赖代数方法来研究几何问题的方法导致了解析几何的产生。

费马以古希腊几何学的成就为基础,用他所提出的一般方法,对阿波罗尼奥斯关于轨迹的某些失传的证明做出补充,于 1630 年写成《平面与立体轨迹引论》。他认为要给轨迹以一般的表示,只能借助于代数。于是,他就着手把阿波罗尼奥斯关于圆锥曲线的成果,直接翻译成代数的形式。其一般方法实质上就是坐标法:首先建立坐标系,把平面上的点和一对未知数联系起来,然后在点动成线的思想之下,把曲线用一个方程表示出来。由此,费马提出了许多以代数方程定义的新曲线。其中曲线 $x^m y^m = a$, $y^n = ax^m$ 和 $r^n = a\theta$,现在仍然称为费马双曲线、抛物线和螺线。

费马虽然通过坐标法把几何曲线与代数方程联系起来,从而把几何学和代数学联系起来,并且提出了一般的方法。但是,费马对纵坐标如何依赖于横坐标重视不够,而这一点对解析几何是十分重要的。他的思想还没有从阿波罗尼奥斯的思想方法中完全解脱出来。

费马

解析几何的另一个创立者是笛卡尔,他比费马前进了一步。笛卡尔 1596 年 3 月 31 日生于法国图朗的小城拉哈,1650 年 2 月 11 日卒于瑞典。笛卡尔的家庭是一个古老的贵族家庭,家境虽不富有,但还算宽裕。在笛卡尔出生后几天,母亲就去世了。父亲做了力所能及的一切以弥补孩子失去的母爱。一个极好的乳母代替了母亲的位置。笛卡尔从幼年时身体就很脆弱，这迫使他把活力用在智力的探索上，而不是体力活动上。童年的笛卡尔善于思考，乳母一个个动人的故事，使他的脑子里产生了一个个为什么。他总想知道阳光下万物的本源和天国的奥秘。

笛卡尔 8 岁时入弗莱什的耶稣学院学习。院长夏莱神父考虑到他的健康状况特准他早晨想躺到多晚就可以躺到多晚，从此，笛卡尔终生保持这个习惯，当他要思考时，就躺在床上度过他的早晨。在笛卡尔的那个时代，欧洲正陷于战火之中。按当时的风气，有志之士不是致力于宗教，就是献身于军旅。为了求得安宁，他决定从军。据说 1619 年 11 月 10 日夜里，他做了三个生动的梦。笛卡尔认为，这些梦如神奇的钥匙，打开了大自然的宝库（事实上，不是这些梦给了他启示，而是他的苦思冥想才做了这些梦）。这把神奇的钥匙是什么呢？笛卡尔没有告诉任何人。人们通常认为，这正是代数之应用于几何，简言之，就是解析几何。所以，1619 年 11 月 10 日也常被人们认为是解析几何的诞生日，也就是近代数学的诞生日。

笛卡尔

1628 年，笛卡尔的思想已经成熟，但还什么也没有发表过。两个红衣主教（当时教士们从事并热爱科学）德·贝律尔和德·巴涅劝导他公开他的思想。在他们亲切的鼓励下，笛卡尔的思想就像玫瑰花一样怒放了。他立刻隐居到荷兰，进行了大量科学研究。笛卡尔试图将收集和想出的一切，都写进一部宏伟的论著中去。

1634 年，这部论著已经到了最后修改阶段。但是，哥白尼的日新说被教会视为异端邪说，布鲁诺、伽利略的名字时时浮现在他的脑海，而笛卡尔当然阐述了哥白尼的体系。于是，他决定死后再出版他的著作。然而笛卡尔一直害怕而实际上从未反对过他的教会，此时却非常慷慨地来帮助他，黎塞留红衣主教给笛卡尔以出版的特权，他可以在法国或在国外出版任何他想写的东西。开明的奥兰治王子也尽全力支持笛卡尔。1637 年 6 月 8 日，在朋友们的说服下，笛卡尔终于答应出版他的著作。书名简称为《方法论》。其中的一个附录《几何学》，就是解析几何。

笛卡尔的《几何学》中译本

从 1641 年秋天起，笛卡尔一直住在荷兰过着愉快的隐居生活，与欧洲的学者有很多通信联系。1649 年，瑞典的克里斯蒂娜女王听到笛卡尔的盛名后，便打破了他的平静，要他每天去给女王上课。当他试图在下午躺下弥补他的休息时，他又常被瑞典皇家科学院从床上拖起来。不久，他得了肺炎，而且情况越来越糟。1650 年 2 月 11 日，他终于永远闭上了双眼，享年 54 岁。

笛卡尔逝世后不久，他的书被列入教会的《禁书目录》。十七年后，笛卡尔的遗骨被运回法国，并在巴黎现在称为万神殿的地方重新安葬。本来要举行公开的演讲，但国王匆匆下令禁止，因为相关学说偏激。

但历史总是会做出公正评价的。我们说，笛卡尔不是修正了几何，而是创造了几何。他的解析几何打破了古希腊将几何与代数严格区别的界线，将代数与几何统一起来，打响了近代数学的第一枪，迈出了向变量数学发展的第一步，使数学的研究对象发生了彻底变革。

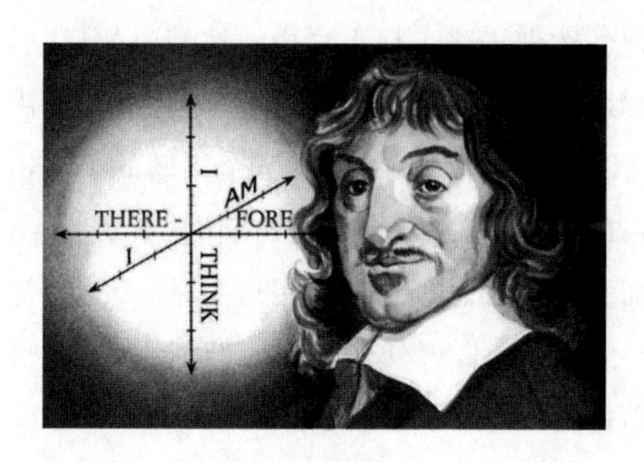

笛卡尔

笛卡尔的解析几何是研究曲线方面的重大突破，它把几何曲线看成是代数方程的轨迹。这不仅扩大了数学的范围，而且扭转了代数对几何的从属地位。

笛卡尔在《几何学》中不仅引入了坐标，实质上也引入了变量（虽然他没有用“变量”这个词）。他在指出 x 、y 是变量的同时，也注意到了 y 依赖于 x 而变化，这正是函数思想的萌芽。恩格斯对此作了高度评价，他说：“数学中的转折点是笛卡尔的变数。有了变数，运动进入了数学；有了变数，辩证法进入了数学；有了变数，微分和积分也就立刻成为必要，而它们也就立刻产生了”①。

笛卡尔的《几何学》首先用代数方法解决了几何作图问题（当时都是用几何量来表示数）。为此，他引入“单位”的概念，通过定义单位线段而后再定义线段的运算，进而通过单位统一了数的表示。如 x^2 在古希腊被看作面积，笛卡尔把它看作比例式 $1:x=x:x^2$ 的第四项。从而 x^2 就可用一个适当的线段变成方程，只要已知 x ，就不难做出这个线段；对 x^n 也一样。这样，笛卡尔填补了古希腊几何与代数的鸿沟，达到了几何与代数的统一。

笛卡尔的解析几何与今天的平面直角坐标系是不同的。如《几何学》卷二有这样的例子：

设直尺 GL 的一端固定在 G 点上，可以绕 G 点旋转，$AK \perp GA$ ，有一个三角板 CKB

① 中外数学史编写组. 外国史学史[M]. 济南：山东教育出版社，1987.

的边 BK 贴在 AK 直线上，上下移动，使直尺通过三角板 BK 边上的固定点 L，求 GL 与三角板 CK 边（或延长线）交点 C 的轨迹。

笛卡尔选直线 AB 为量度点的位置标准，以 A 为原点（即 AB 为横坐标轴，A 为坐标原点）。

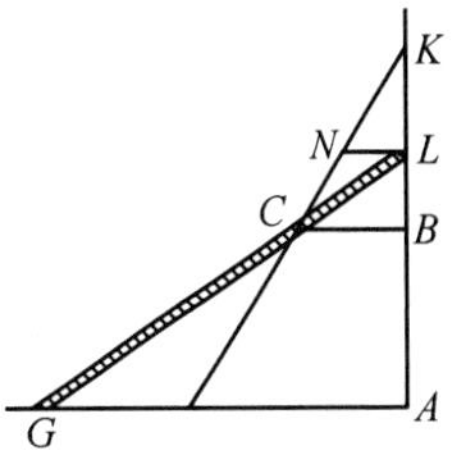

作 NL，使 $NL \perp AK$，“因为 CB 和 BA 是两个未知和未定的量（指变量），我们分别命它们为 y 和 x”。

又设 $GA = a$，$KL = b$，$NL = c$，

因为 $c : b = y : BK$，

所以 $BK = \frac{b}{c}y$，$BL = \frac{b}{c}y - b$，$AL = x + \frac{b}{c}y - b$。

又 $CB : BL = y : \left(\frac{b}{c}y - b\right) = GA : AL = a : \left(x + \frac{b}{c}y - b\right)$，

所以 $\frac{ab}{c}y - ab = xy + \frac{b}{c}y^2 - by$。

从而所求轨迹的方程是 $y^2 = cy - \frac{cx}{b}y + ay - ac$。

这里应该说明的是：笛卡尔的解析几何是从几何出发寻找它的方程，费马则是从方程出发来研究曲线，这正是解析几何所包含的两个相反的方面。

笛卡尔创立解析几何之后，1692 年莱布尼兹首先创立“坐标”一词。1694 年，莱布尼兹又使用“纵坐标”这个词。1750 年，在瑞士人 G. 克莱姆在《代数曲线分析引论》中才正式引入 y 轴。18 世纪德国数学家沃尔夫（1679—1754）等人引入“横坐标”的概念。

笛卡尔的《几何学》没有很快地被当时的数学家所接受，《几何学》本身也不是解析方法的系统阐述。直到 1649 年以后，一些数学家才开始阐述、译注、应用和发挥笛卡尔的思想。由此建立了曲线方程的概念，并发现许多新曲线。1704 年，牛顿的《三次曲线枚举》开展了对高次平面曲线的系统研究。18 世纪前半叶，约翰·伯努利等人将解析几何推广到三维空间。1748 年，欧拉在雅可比·伯努利于 1691 年提出的不完整的极坐标和德国数学家赫尔曼 1729 年提出的极坐标概念的基础上，给出了极坐标的现代形式。1745 年，欧拉在《无穷小分析引论》中给出了现代形式下的解析几何的系统叙述。1809 年，法国数学家蒙日对欧拉的解析几何内容作了重要补充，对三维空间情形做了大量研究。19 世纪 80 年代，继法国数学家拉格朗日提出向量概念后，英国数学家吉布斯和希维赛德（1850—1925）创立了向量代数，成为空间解析几何的主要内容，19 世纪末经典解析几何已经臻完备。当今，解析几何的意义已拓广为关于解析空间的一般理论，这是所有数学学科中最深刻、最难的理论之一。

3.3.5 现代几何学

1. 非欧几何

现代几何学开端于对欧几里得几何学第五公设的探讨，由于它并不是不证自明，引起了历代数学家的关注。最终，由俄国数学家罗巴切夫斯基(1792—1856)和德国数学家黎曼建立起两种非欧几何：罗氏几何和黎曼几何。

尽管人们对《几何原本》推崇备至，但有许多地方还是不尽如人意。如第 5 公设(即平行公理)："同一平面内一条直线和另外两条直线相交，若某一侧的两个内角的和小于二直角，则这二直线经无限延长后在这一侧相交"[①]就是其中之一。人们发现它叙述冗长，并没有其他四个公设那样的"自明性"，它更像是定理而不是公设。欧几里得本人也竭力推迟使用它，直到卷一命题 29 才不得不使用。

为了使《几何原本》更加完美，有些人想用更为明确的公理来代替平行公理。如苏格兰物理学家和数学家普雷菲尔(1748—1819)曾选用：

"过已知直线外的一个已知点，只能作一条直线平行于已知直线"来代替平行公理，并被选入今天的中学几何课本。但细细研究起来，这些替代公设并没有比欧几里得第五公设容易接受。

另一部分人企图用其他公理把它推导出来，从而取消它作为"公理"的资格。但所有这些尝试都无一例外地以失败告终。当然有些"证明"还是很有启发意义的。如意大利数学家萨谢利(1667—1733)从四边形 $ABCD$ 出发，假定 $\angle A$ 、$\angle B$ 都是直角，$AD = BC$ ，容易推得 $\angle C = \angle D$ 。为了证明两者都是直角(从而可"证明"平行公理)，他用反证法来否定以下两个假设：

(1) 钝角假设：假设 $\angle C$ 与 $\angle D$ 是钝角；

(2) 锐角假设：假设 $\angle C$ 与 $\angle D$ 是锐角。

从(1)出发，他容易推出明显的矛盾，从而很快予以否定。从(2)出发，他并没有推得与已有其他公理和定理的任何矛盾。

德国数学家兰伯特(1728—1777)在萨谢利的基础上更进一步。他猜测：从"锐角假设"推出的结论，应反映出虚半径球面上的情形。这说明：任何一组不相矛盾的假设，可以导致一种可能的几何理论，它们在逻辑上并无矛盾。

在这方面成绩突出的还有法国的勒让德(1752—1833)、德国的施卫卡特(1780—1857)和托里努斯(1794—1874)等。但他们都只是肯定了非欧几何存在的可能性，而未

---

① 欧几里得. 几何原本[M]. 兰纪正，朱恩宽，译. 西安：陕西科技出版社，1990.

肯定非欧几何的合理性。

围绕对《几何原本》的完善工作，在大批数学家不断努力的基础上，非欧几何终于在19世纪诞生了。一般来说，非欧几何有广义（指一切和欧氏几何不同的几何学）、狭义（指罗氏几何）和通常意义（指罗氏几何和黎曼几何）三个方面的不同含义。

狭义的非欧几何由三位数学家：德国的高斯、匈牙利的J.鲍耶（1802—1860）和俄国的罗巴切夫斯基独立发明。他们假定了直线的无限性，通过平行公设的普雷菲尔形式，考虑三种不同的可能：假设过已知直线外的一个已知点只能作一条直线、不能作任何直线和能作多于一条的直线平行于已知直线，来独立地探讨此课题，他们分别对应于直角假定、钝角假定和锐角假定。

直角假定即为欧氏几何，钝角假定易于否定，然而锐角假定却推不出矛盾。三位数学家都猜测：锐角假定下的几何或许会得到一个相容的几何学。虽然他们中的每一位都不知道另外两位的著作，但是他们都对同一个问题发生了兴趣，并不谋而合地得出了相同的结论。

高斯

J.鲍耶

罗氏几何。罗巴切夫斯基对数学的最大贡献是创立了非欧几何。虽然高斯和J.鲍耶是最先想到非欧几何的人，但罗氏实际上是发表此课题的有系统的著作的第一人。1826年2月23日，他在喀山大学数理系宣读了他的论文《简要叙述平行线定理的一个严格证明》，这是几何学的一次根本变革，是现代数学开始的又一标志。于是人们常把这一天看作是非欧几何的诞生日。他最早的论文于1829—1830年发表在《喀山通讯》上，当时他的数学思想并不为世人所理解，但他对围攻、漫骂从不屈服，仍不断发展自己的思想和出版论著，表现出十分坚强的、大无畏的、勇往直前的精神。罗氏生前没能看到他的著作受到广泛承认，他去世后，高斯（于1840年知道罗氏的工作）对他推崇备至，渐渐引起数学界的重视。1868年，意大利数学家贝特拉米（1835—1899）发表《非欧几何解释的尝试》，证明了罗氏几何可以在欧几里得空间中的曲面上实现，从而使罗氏的研究成果逐步得到普遍认可。1893年，喀山树起了罗氏的纪念像，使他的形象和学说永远为世人景仰。

罗巴切夫斯基

2000多年来，人们在某种意义上相信欧几里得在他的几何体系中发现了人类知觉的一个绝对真理或必要的模式。罗氏的创造实际上证明了这种看法的错误。用爱因斯坦的话说，罗氏是向一个公理挑战。任何人向一个2000多年以来为大多数神志清醒的人视为必要的和合理的“公认的真理”挑战，如果不是拿他的生命冒险，也是拿他的科学声誉冒险。罗氏无所畏惧的大胆挑战，鼓舞着广大的数学家和科学家向其他的“公理”或公认的“真理”挑战。正因如此，今天人们将罗氏所发展的新几何(即双曲几何)称为罗氏几何，并且使他赢得了“几何上的哥白尼”的光荣称号。

现在的书刊介绍罗氏几何的内容时，并不是当时罗氏所讲的体系，而是经希尔伯特改写之后，再由许多几何学家的加工修订而成。例如欧氏几何中的公理体系，就改写成5组，共20条公理：

第Ⅰ组：结合公理8条；

第Ⅱ组：顺序公理4条；

第Ⅲ组：合同公理5条；

第Ⅳ组：连续公理2条；

第Ⅴ组：平行公理1条。

如果我们把定义上述5组公理以及由这些公理推出的一切定理综合在一起，记成

$E=\{\mathrm{I},\mathrm{II},\mathrm{III},\mathrm{IV},\mathrm{V}\}$

这表示公理体系中，主要是取这样5组公理，那么，这E便是欧氏几何学。

罗氏把平行公理的否定命题作为一条新公理记成$\overline{\mathrm{V}}$，来代替原平行公理Ⅴ，改为：

公理$\overline{\mathrm{V}}$：经过直线外一点所引与该直线相平行的直线至少有两条。

如果我们把原E中的定义，以及E中的公理Ⅰ、Ⅱ、Ⅲ及Ⅳ放在一起，再加上刚才换进来的公理$\overline{\mathrm{V}}$，以及由这些定义、公理演绎出来的一切定理综合在一起，记成

$\Lambda=\{\mathrm{I},\mathrm{II},\mathrm{III},\mathrm{IV},\overline{\mathrm{V}}\}$

这就是罗氏几何。

凡欧氏几何 E 中的一切命题，只要涉及平行公理，在罗氏几何 Λ 中皆不成立，皆需要换成相反的命题。例如，欧氏几何中任何一个三角形三内角和必等于 180°，在罗氏几何中任何一个三角形三内角和就必不等于 180°，而是小于 180°。但凡未涉及平行公理的定理，在 E 中成立的话，Λ 中必成立；反之，亦然。例如“任何一个三角形的三条角平分线必交于一点，且此点必落在此三角形的内部。”这样的定理在 E 中与 Λ 中均成立。为此，把不涉及平行公理的其余内容组成一类几何学，记成

A＝{Ⅰ，Ⅱ，Ⅲ，Ⅳ}

称为绝对几何学。像刚才说的定理，以及像“任何一个等腰三角形，两底角相等”等定理，就是绝对几何学中的内容。

罗氏几何的出现以及后人通过对罗氏几何相容性的认识，使人们认识到：几何的公设，对数学家来说，仅仅是假定，其物理上的真或假用不着考虑；数学家可以随心所欲地选取公设，只要它们彼此相容。当数学家采用公设这个词时，并不包含“自明”或“真理”的意思。“数学的本质在于自由。”(康托尔语)

罗巴切夫斯基雕像

德国数学家克莱因(1849—1925)就提出了一个简单的模型，他的主要想法是，利用欧氏几何中的元素，然后对其中某些元素给予新的约定，并说明它们之间的关系。因为这种几何只是用另外的观点和字眼来描述通常的欧氏几何中的元素，因此，它和欧氏几何一样是正确的。

克莱因的罗氏几何模型是：在普通的欧氏平面上取一个圆，而且只考虑圆的内部。我们约定把圆的这个内部叫做“平面”(它起着罗氏平面的作用，圆内的点叫做罗氏点)。把圆的弦叫做“罗氏直线”(弦和圆周的交点除外)。此外，连接这平面上两点的“直线”以及求两条“直线”的交点，除平行公理以外，和欧氏几何中的情形相同。通过已知点 A 而且不和已知弦 BC 相交的弦至少有两条(比如过 B 和 C 的两条弦。因为规定把圆和弦的交点除外，所以它们和 BC 没有交点)，这和罗氏平行公理是一致的。

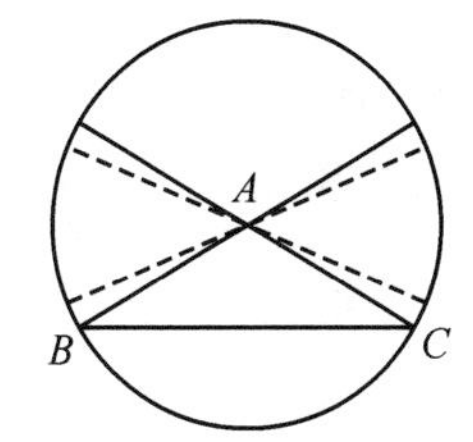

通过观察这个“模型”,使我们认识到罗氏几何的内容可以理解成是欧氏几何圆内的几何的独特命题,从而证实了罗氏几何的现实意义。

黎曼几何。 1854 年,黎曼为得到一个无报酬的讲师职位,必须作一次就职演讲。他提交了三个题目,其中第三个是《论几何学的基本假设》,提出了更广泛的一类非欧几何——黎曼几何。

黎曼

在其他公理与欧氏几何(或罗氏几何)相同的情况下,黎曼几何的出发点是:是否存在这样的几何满足:过直线外一点在平面上不能作直线和已知直线平行?

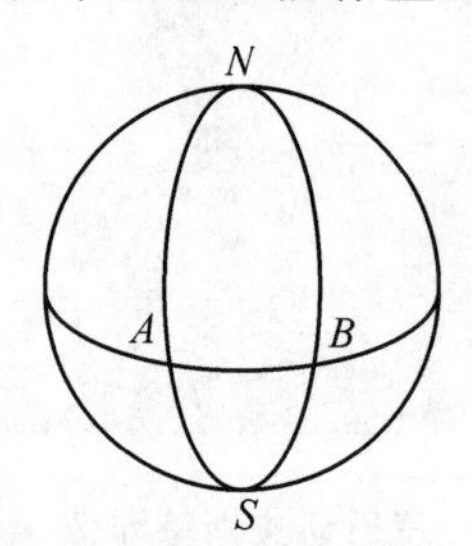

黎曼几何中的一条基本规定是 V_0 :在同一平面内任何两条直线都有公共点。这个事实我们可以从三度空间中的二度球面来进行观察。如上图,在这个球面上我们把“直线”规定是这个球面的大圆,这样直线是封闭的。在这种几何里,就这个图来说,任意两条“直线”必然相交。因此,过一定直线外一点,永远都不能作“直线”平行于这条直线。此外,在球面上任意两点间的距离是过这两点的大圆上介于这两点间比较短的弧的弧长,这也是过这两点的一切弧中最短的弧(这和欧氏几何中平面上任意两点间的直线距离最短是吻合的)。由公理Ⅰ,Ⅱ,Ⅲ,Ⅳ,V_0,及由此导出的一切定理的总称 R={Ⅰ,Ⅱ,Ⅲ,Ⅳ,V_0}即为黎曼几何。

黎曼几何中有一个重要结论,就是“三角形的三个内角和大于 180°”。这是因为在这种几何里,“直线”是球面上的大圆弧,球面上三条这样的直线可以构成一个三角形,例如,在球面上过北极 N 和南极 S 的两条大圆弧(也叫子午线),和赤道围成一个三角形,也就是 $\triangle NAB$ 。我们知道,子午线是垂直于赤道的,因此,这样的球面三角形的三角中已经有了两个直角，再加上第三个角，三角形的内角和就大于 180°。这是黎曼几何中的一个重要结论。

在黎曼几何学中不承认平行线的存在，还有两条公设：第一，同一平面上的任何两条直线一定相交；第二，直线可以无限延长，但总的长度是有限制的。黎曼几何模型是一个经过适当“改造”的球面。在欧氏空间中任取一个球面，约定把球面上的对径点（通过球心的直径的两端的点叫对径点）看作是一个对象，叫做黎曼几何中的点。黎曼几何的直线是球面上的大圆，大圆上的对径点仍看作是一个点，对径点统一起来的球面便叫黎氏平面。可以看出，黎氏直线是封闭的。黎氏点和黎氏直线的结合关系，便是球面上的点和这个大圆上大圆弧的普通的结合关系。比如：

通过两个黎氏点可以引唯一的一条黎氏直线；

每条黎氏直线上至少有两个黎氏点，存在不共黎氏直线的三个黎氏点；

黎氏平面上任意的两条直线必有唯一交点。

这最后一点的内容形成与黎曼几何不同于欧氏几何和罗氏几何的主要特点。

在欧氏几何和罗氏几何中都可以引用的“顺序公理”在黎曼几何中是怎样叙述的？

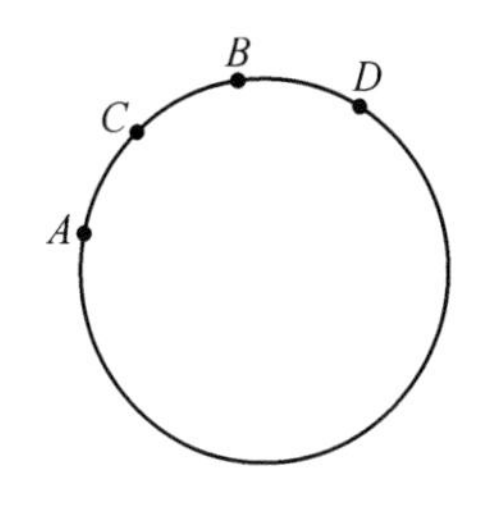

在黎曼几何中，由于黎氏直线类属于圆周的性质，所以在封闭线上的三个不同点 A、B、C，如上图，若 C 是介于 A 和 B 之间，B 也可以看作是介于 A 和 C 之间。因此用三个点来叙述封闭线上点的顺序是没有意义的，这就需要借用圆周上的四个点来建立点的顺序关系。圆周上的四点 A、B、C、D，把它们分成两组 A、B 和 C、D，若从 A 按顺时针方向沿圆周运动到 B，必经过 C；从 B 按顺时针方向到 A 必经过 D。这样就可以规定：点 A、B（也叫做点对 A、B）分割点对 C、D，点对 A、C 和 B、D 不互相分割。

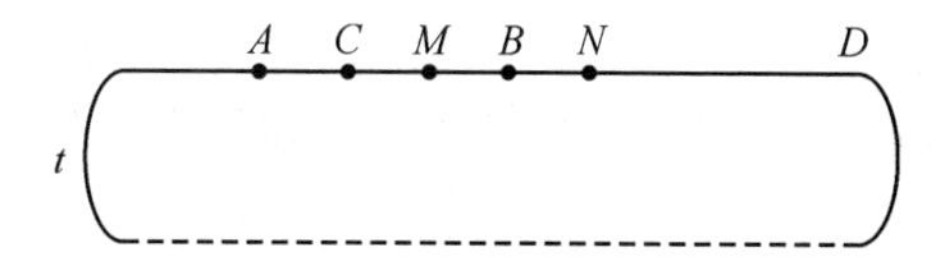

现在举例说明在黎曼几何中是怎样定义线段的。在直线 l 上有点 A、B、C、D，而且点对 C、D 分割点对 A、B，又在直线上存在这样的点 M，使点对 C、M 不分割点对 A、B，像这样组成的集合就叫线段。点 A 和 B 叫做线段的端点。由于 C 点的位置具有一般性，所以由点 A、B、D 以及点对 D、N 不分割点对 A、B 的点 N 所成的集合也是线段。所以在直线 l 上又可以得到另外一条线段，它也是以 A、B 为两个端点。因此，黎曼几何中以两个已知点为端点的线段有两条。这与欧氏几何中线段的定义截然不同。

以上明确了黎曼几何中的几个主要概念。那么黎曼几何主要讨论什么呢？它主要讨论非欧几里得的黎曼空间的测度问题。所谓黎曼空间，通俗地说就是在无限小的范围里的欧氏空间。黎曼认为在这种空间的几何中，每一点的几何特性随着每一点的曲率而改变。所谓测度就是空间的曲率。如黎曼空间中的测度距离。

我们知道在 n 维欧氏空间中，若两点的坐标差分别是 Δx_1，Δx_2，…，Δx_n，则两点间的距离为

$$S=\sqrt{\Delta x_1^2+\Delta x_2^2+\cdots+\Delta x_n^2} \tag{3-1}$$

由于黎曼几何中关于连结两点的一切曲线中以线段为最短，所以关于两点间距离的方法应该和上面的相同。但这只能在每个点邻近的无限小的区域里才是这样的。因此，在 n 维的黎曼空间里，在它的任意点 A 的邻近处，引进坐标 $x_1,x_2,\cdots,x_n$ 以后，从点 A 到无限邻近的点 B 的距离就由下面的公式得出：

$$\mathrm{d}s=\sqrt{\mathrm{d}x_1^2+\mathrm{d}x_2^2+\cdots+\mathrm{d}x_n^2} \tag{3-2}$$

这里 $\mathrm{d}x_1$，$\mathrm{d}x_2$，…，$\mathrm{d}x_n$ 是点 A 和点 B 的坐标的无限小差。可以看出，公式(3-1)和(3-2)是十分相似的，所不同的只是在(2)中，点 B 到点 A 的邻近程度具有更高的精确度，即

$$S(\Delta x)=\sqrt{\Delta x_1^2+\Delta x_2^2+\cdots+\Delta x_n^2}+\varepsilon$$

其中，ε 是比第一项更为微小的量，而且当坐标差 $\Delta x_1,\Delta x_2,\cdots,\Delta x_n$ 越小的时候，它越小。

黎曼

这就是黎曼空间测度距离的意义。黎曼测度和欧氏度量的差异在于：这种法则是否只在每个已知点邻近时才成立。

以上测度距离这一特性正是黎曼几何与欧氏几何的区别之一。其另一区别是，欧氏空间是均匀的、无曲率的，图形可以在其中自由地移动而不改变它各点之间的距离，而黎曼空间就其本身的性质来说是不均匀的。因此，在这个空间里就不能自由地移动图形而使它各点间的距离不改变。

近代黎曼几何不仅在广义相对论里得到了重要应用，在数学中也是一个重要工具，它不仅是微分几何的基础，也应用在微分方程、变分法和复变函数论等方面[①]。

总之，欧氏几何、罗氏几何、黎曼几何是三种各有区别的几何。它们各自所有的命题

① 王志艳. 数学世界[M]. 呼和浩特：内蒙古人民出版社，2007.

都构成了一个严密的公理体系，各公理之间满足和谐性、完备性和独立性。在我们这个不大不小不远不近的空间里，也就是我们的日常生活中，欧氏几何是适用的；在宇宙空间中(或在原子核世界中)罗氏几何更符合客观实际；在地球表面研究航海、航空等实际问题时，黎曼几何就更适用了①。

2. 微分几何

(1)微分几何的形成与发展

微分几何是运用微积分的理论研究空间几何性质的学科。古典微分几何研究三维空间中的曲线和曲面，而现代微分几何开始研究更一般的空间——流形。

在古典意义下，微分几何的发展可分为三个方面：一是应用微积分研究欧氏平面上的曲线。牛顿、约翰·伯努利和莱布尼兹开始研究，豪斯比特于1696年著成《无穷小分析》而大体完成。二是应用微积分研究空间的曲线。法国数学家克莱罗(1713—1765)发表《重曲率曲线的研究》(1731)，首开先河，经过欧拉、柯西、法国数学家塞列特(1819—1885)和弗雷内(1816—1900)的研究而趋于完善。三是应用微积分来处理曲面。1760年欧拉通过研究测地线做出开拓性成果。1809年蒙日出版了《分析在几何上的应用》，引入曲面曲率线概念，发展了偏微分方程中特殊曲面的理论。1827年高斯发表论文《曲面的一般研究》，引入了一系列新的概念和理论，奠定了近代形式曲面论的基础，使微分几何作为一门独立的学科。因此，高斯是微分几何的创始人。而“微分几何”一词则是1894年意大利数学家比安基(1856—1928)首先使用的。

高斯

微分几何的研究通常采用两种方法②：一种是张量分析，这是微分几何的一般方法。它用共变微分表示各种几何量和微分算子性质，可看作是微分流形上的“微分法”，黎曼于1854年在哥廷根大学的就职演讲中运用了这种方法。经过后人的不断发展，1901年意大利数学家里奇(1853—1925)及其学生写出《绝对微分法及其应用》，系统地建立了张量分析技术。另一种是活动标架法，为法国数学家达布(1842—1917)和意大利数学家切萨罗(1859—1906)等人所创。活动标架的概念起源于力学，当物体作刚体运动时，固定其上的正交标架随着运动，得到一族依赖于时间的正交标架。这族标架完全刻画了物体的刚体运动。达布等人还把单参数标架族的概念推广到依赖多个参数的情形。活动标架法与外微分相结合，已成为微分几何学的有力工具，对现代微分几何学产生了深刻的影响。

---

① 韩祥临. 数学史简明教程[M]. 杭州：浙江教育出版社，2003.

② 韩祥临. 数学史导论[M]. 杭州：杭州大学出版社，1999.

那么，现代微分几何研究的对象流形是什么呢？流形这个词也许取自文天祥“天地有正气，杂然赋流形”的诗句。流形可以理解为曲面的推广，所不同的是它只有一个局部的概念。所谓 n 维流形，是一个拓扑空间，其上每点的邻域可以近似地看成 n 维欧氏平面上的 n 维小球。拿二维情形来说，二维流形就是用许多小圆片黏接而成。你可以用微圆片黏成一个球面，也可以黏成一个柱面、环面等。流形的微观部分大多差不多，但宏观的整体结构却大不相同，如球面与环面完全不同，这就需要用拓扑结构描写。二维情形如此，高维更是如此。也就是说，流形内的坐标是局部的，流形研究的主要是经过坐标变换而保持不变的性质。微分几何的主要问题是整体的，即研究空间或流形的整体性质，尤其是整体与局部的关系。

高斯的伟大功绩之一是发展了曲面论。黎曼将高斯的思想推广到 n 维空间，即所谓黎曼几何。把黎曼几何和克莱因纲领进一步统一起来的是纤维丛观念。按这种理论，几何的研究对象不必固定在某一空间内，许多空间可以“长”在一个底空间 B 上。B 中每一点对应一个克莱因式的空间。这样，就形成了纤维丛。纤维丛有了，就要研究“纤维之间”的相互关系，反映这种关系的几何概念，叫做联络。这样，纤维丛就成为描写高维几何最强有力的工具。自 20 世纪 40 年代以来，高维几何一直是数学研究的主流学科之一。那么，微分几何为什么要研究高维几何呢？原来，宇宙学要克服高维带来的困难，用四维时空中的三维曲面描写宇宙模型，需要采用新的手段，除了拓扑学之外，主要是微分几何的方法。宇宙模型是基本的物理观念，却是用数学来描述的。这是 20 世纪微分几何发展的原动力之一，也是微分几何作为现代核心数学的主要组成部分的主要原因。当今，谁欲在几何上取得主动，走在世界的前列，谁就必须抓住拓扑学工具，掌握纤维丝理论，发展高维的微分几何。德国数学家 E. 嘉当(1869—1951)、海因茨·霍普夫(1894—1971)及美籍华人陈省身(1911—2004)都是这方面的典型代表。如 E. 嘉当的广义空间把联络作为主要的几何观念，他建立的外微分和他在李群方面的工作，是微分几何的两大支柱。

E. 嘉当

海因茨·霍普夫

(2)微分几何的代表人物陈省身

陈省身[①],1911 年 10 月 26 日生于浙江嘉兴,2004 年 12 月 3 日去世。美籍华人,当代数学大师。

陈省身

陈省身在浙江嘉兴度过少年时代,并靠自学打下了良好的数学基础。1926 年,15 岁的他就进了南开大学数学系,主要受教于姜立夫(1890—1978)先生。1930 年他考取了清华大学研究生,导师是孙光远(1900—1978)。1934 年夏取得硕士学位。这段时间,陈省身读了大量射影微分几何的论文,自己也写了一些。1934 年,他离开祖国去德国汉堡跟随著名几何学家布拉希开(1885—1962)学几何,1936 年 2 月获得汉堡大学科学博士学位,然后去了巴黎跟从著名的几何学家 E. 嘉当学习几何。这一选择对他的事业是极其重要的。嘉当领导着当时整个微分几何的潮流,他建立的外微分和他在李群上的工作,成为近代微分几何的两大支柱。嘉当的论文很难懂,一般人难以理解,曾被人评论为"超越了时代 20 年"。陈省身到巴黎后,很快就进入了嘉当的研究领域。

1937 年,陈省身接受了清华大学的教授聘书返回祖国。时值抗日战争爆发,清华与南开迁至昆明合并为西南联合大学。1939 年,西南联合大学物理系王竹溪(1911—1983)、数学系华罗庚(1910—1985)和陈省身一起举行李群讨论班,这在国内外都是领先的。当时西南联合大学虽然与外界隔绝,却保持着良好的学术氛围,陈省身在这里讲授保形微分几何和李群。杨振宁(1922—)、钟开莱(1917—2009)那时都是陈省身的学生。1943 年,陈省身接到普林斯顿高级研究院的邀请去了美国。1943—1945 年是陈省身的高产时期,他在普林斯顿完成了高维高斯—邦内特公式内蕴的证明和发现了示性类两项极负盛名的工作,还和韦尔用很多时间讨论了数学的各个方面,韦尔对数学发展有极强的洞察力,这对陈省身的帮助很大。

1946 年 4 月,陈省身从美国回到上海,被邀请去中央研究院主持数学研究所的工作。

---

① 李心灿.当代数学大师[M].北京:北京航空航天大学出版社,1999.

他从当时大学刚毕业不久的青年人中，选拔一些优秀人才来所工作。为了使这批年轻人迅速赶上国际先进水平，陈省身决心把研究所办成研究生院。他选择当时在纯粹数学领域中起关键作用的代数拓扑学作为人人必读的基础，以便由此踏上追赶国际先进水平的台阶。先后在所里工作和学习过的年轻人中有吴文俊(1919—2017)、廖山涛(1920—1997)、陈国才(1923—1987)等20余人。这些青年人，日后都成为中国数坛的中坚。

陈省身

1949年，中央研究院迁往台湾，多数人留了下来。陈省身就在这时举家迁往美国，并在芝加哥大学接替了美国数学家兰恩(1909—2005)的教授职位。1960年又受聘于加利福尼亚大学伯克利分校，直到1980年退休为止。

陈省身最重要的贡献是认识到嘉当的联络几何学思想与纤维丛理论有密切的关系，从而把微分几何推进到大范围的情形，发现了"陈类"，为物理学中规范场理论提供了数学工具。当代大数学家韦伊说："我相信未来的微分几何史一定会认为他是嘉当的继承人。"1985年，人们把他称为"当代还活着的最伟大的几何学家"。

3. 几何基础

(1)几何基础的前期研究

几何基础是给出几何学的依据以及研究按严格的逻辑演绎体系来陈述几何学内容的学科。非欧几何发现之后，许多数学家参加了使几何基础的结构焕然一新的工作，如1866年，赫姆霍尔兹(1821—1894)将运动概念作为基本概念，列入他的深奥的公理系统中。1871年德国数学家康托尔和1872年德国数学家戴德金拟成了(关于直线的)连续公理。德国数学家帕施(1843—1930)最先充分认识到非欧几何引起的变革，并第一个将新的观点注入几何基础的研究中。他的《新几何学讲义》(1882)就是一本开辟现代公理化思想新方向的重要著作。

帕施

皮亚诺在1889年发表了一部关于几何基础的论著《逻辑地叙述的几何基础》，在这本书中，皮亚诺详细地讨论了结合公理和顺序公理。1889 年皮亚诺在另一部著作《作为演绎系统的初等几何学》中提出了一个改进了的欧氏几何系统。皮亚诺关于几何基础的阐述在某些方面较之帕施更为精炼了，但他的系统仍存在着和帕施同样的缺陷。

帕施和皮亚诺是在现代公理化思想基础上建立几何学理论的先驱。他们在几何基础的研究中首先提出了现代的观点。接着，著名的德国数学家希尔伯特把几何基础的研究推向了一个新阶段。

(2)希尔伯特与几何基础

在德国数学家克莱因、希尔伯特等人的努力下，几何学走向现代化。他们应用群论的观点将几何变换视为特定不变量约束下的变换群，而几何学真正的科学公理化基础是由希尔伯特完成的。

希尔伯特[①]，1862 年 1 月 23 日生于东普鲁士的哥尼斯堡；1943 年 2 月 14 日在哥廷根去世。杰出的现代数学家。

克莱因

希尔伯特

希尔伯特出身于一个中产家庭。八岁进入皇家腓特烈预科学校，因为喜爱数学，在最后学期转到了威廉预科学校，在这个学校他的各门皆优，数学则获最高分“超”。1880 年秋，希尔伯特进哥尼斯堡大学攻读数学。他的博士论文是关于代数形式的不变性质问题，1885 年获得哲学博士学位。

希尔伯特曾赴莱比锡、巴黎等地作短期游学，受到克莱因的器重，还结识了庞加莱、约当、皮卡(1856—1941)与埃尔米特(1822—1901)等法国著名数学家。在从巴黎返回哥尼斯堡途中，希尔伯特又顺访了在柏林的克罗内克(1823—1891)。

① 康斯坦西・瑞德. 希尔伯特[M]. 袁向东，李文林译，上海：上海科技出版社，1982.

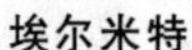

埃尔米特　　　　克罗内克

1886 年 6 月，希尔伯特获哥尼斯堡大学讲师资格。1892 年，希尔伯特被指定为哥尼斯堡大学副教授以接替胡尔维茨(1859—1919)的位置。1893 年，希尔伯特升为教授，接替了他的博士导师林德曼。1895 年 3 月，希尔伯特转任哥廷根大学教授，直到 1930 年退休。

希尔伯特是现代数学史上声誉卓著的数学家，同时又是一位杰出的学术带头人和青年数学家们的热情导师。他广博的学识、巨大的科学创造力和高尚的品德、平易的作风，吸引着世界各国的青年数学家，他们纷纷来到哥廷根，使当时的哥廷根人才荟萃，洋溢着科学的热情和探索的精神。20 世纪许多出色的数学家和科学家都曾受到希尔伯特的指导，以致当时流行着这样的说法："全世界学数学的学生都受到同样的忠告：'打起你的背包，到哥廷根去！'"

希尔伯特

希尔伯特的成就涉及当时数学中几乎所有的主要分支，他彻底解决了代数不变量问题，对代数数域论进行了深入的研究，围绕狄利克雷原理和变分法做了大量有效的工作，建立了无穷维空间理论，奠定了几何的基础和数学的基础等。关于希尔伯特工作的重要性，有人在他去世时指出：世界上难得一位数学家的工作不是导源于希尔伯特的工作的。希尔伯特是数学界的亚历山大，他在整个数学领域，建立了不朽功勋。希尔伯特当之无愧是 20 世纪最伟大的数学家之一。

希尔伯特的学术成就、教学活动以及个性风格，使他成为一个强大的学派的领头人。20 世纪 30 年代前，哥廷根也就成为名副其实的国际数学中心。除了具体的学术成就，希尔伯特培育、提倡的哥廷根数学传统，也已成为全世界数学家的共同财富。希尔伯特寻求"精通单个具体问题与形成一般抽象概念之间的平衡"。他指出数学研究中问题的重要性，认为"只要一门科学分支能提出大量的问题，它就充满生命力"，这正是他在巴黎提出23个问题的主要动机，这些问题直到今天还依然引导着数学的发展；希尔伯特强调数学的统一性，将思维与经验之间反复出现的相互作用看作数学进步的动力。

希尔伯特一生的最高准则是绝对的正直和诚实，这不仅表现在科学活动上，而且表现在对待社会和政治问题的态度上。希尔伯特出生于康德之城，是在康德哲学的熏陶下成长的，他对这位同乡怀有敬慕之情，却没有让自己变成其不可知论的殉道者。相反，希尔伯特对于人类的理性，无论在认识自然还是在认识社会方面，都抱着一种乐观主义。他认为，“数学中没有不可知”，“我们必须知道，我必将知道”。

希尔伯特开始几何基础方面的研究是在1898年前不久，1899年，希尔伯特出版了著名的《几何基础》一书，尽管他仍将对象称之为点、直线和平面等，但是它们仅仅被看作是某种抽象的名称，完全废弃了对几何对象的直观描述。我们可以更一般地用符号，如x、y、z来表示这些对象，重要的只是公理所表述的关系都成立。因此，是由公理规定了适合它们的对象，而不是相反。我们不是从对象的实际意义出发，也不是事先知道了点、直线、平面，然后设法刻画它们之间的关系，而是由公理所表述的关系建立一种结构，它适合任何满足它的对象。这明显与《几何原本》所体现的朴素公理法思想有本质的区别。

希尔伯特使用欧氏几何的传统语言和叙述方法，运用现代数学的观点，开始重建几何基础的工作。他首先补充了欧几里得系统中缺乏的公理，建立起欧氏几何的完备公理集(其中希尔伯特吸收了帕施和皮亚诺的成果)。从这个公理集就可以推得欧氏几何中的所有定理。其次希尔伯特将所有公理清楚地划分为五组：

Ⅰ.结合公理，包括8条公理；

Ⅱ.顺序公理，包括4条公理；

Ⅲ.合同公理，包括5条公理；

Ⅳ.平行公理；

Ⅴ.连续公理，由阿基米德公理和直线完全性公理构成。

希尔伯特对几何公理的这种处理，使几何学的逻辑结构异常清晰地显示出来。同时这种处理也为关于公理集的基本逻辑问题的进一步研究提供了一个适当的基础。

中译本《几何基础》

提出有关公理系统的基本问题是几何基础研究和公理方法的重要发展。由于几何学的现代处理使几何对象进一步抽象化,几何学在某种程度上与现实空间相对脱离,关于几何系统的逻辑要求问题自然凸显出来,希尔伯特认识到了这一点。他明确提出了选择和组织公理的原则,这就是相容性(或无矛盾性)、独立性和完备性。在上面的三条中,相容性是构成一个公理系统的首要条件。希尔伯特试图证明欧氏几何的相容性。他采取的方法是,通过解析几何将所有几何基本概念做出算术性解释,使得全部几何公理化为实数的算术命题。于是欧氏几何的相容性就合理地归结为算术系统的相容性。欧氏几何被证明至少是与实数算术一样相容。当然算术的相容性还是个未解决的问题。

独立性的概念最早是皮亚诺于 1894 年首先提出的。希尔伯特具体讨论了他的系统中诸公理的独立性。独立性的证明与无矛盾性的问题密切相关,希尔伯特采取了建立模型的方法,即构造一个模型,使其不满足某一公理而满足所有其他公理。由此可以推断这条公理不可能是其他公理的推论。

希尔伯特关于几何基础的工作彻底结束了两千年来对欧氏《几何原本》的整理工作,其影响已大大超出了问题本身。《几何基础》一书揭示了公理法的实质,开创了现代公理化思想的新阶段,对整个数学以至自然科学的理论建设产生了深远的影响。一方面使一些旧的和新的数学分支确立在严格的逻辑基础上;另一方面也为比较和弄清各分支之间的联系提供了帮助。20 世纪,许多数学分支在公理法的基础上重建起来,甚至在自然科学的许多部门(如力学、电磁学、量子力学等)也出现了公理化的趋向。此后,希尔伯特又把对几何基础方面的工作扩展到对整个数学基础的研究,发展起一门称之为元数学或证明论的新学科,这更是一个意义深远的进展。

3.3.5 代数几何

现代几何发展的一个突出成就是代数几何。代数几何的研究对象是代数簇。在任意维数的(仿射或射影)空间中,由若干个代数方程的公共零点所构成的集合通常叫做代数簇。代数几何是将抽象代数(特别是交换代数)与几何结合起来,是继解析几何之后用代数方法研究几何的另一个分支,它可以被认为是对代数方程系统的解集的研究。[①]

代数几何源于一般多项式方程组解的空间研究,而坐标法是代数几何学研究的有力工具。从19世纪上半叶开始,人们就进行三次或更高次平面曲线的研究。挪威数学家阿贝尔(1802—1829)发现了椭圆函数的双周期性,从而奠定了椭圆曲线的理论基础。[②] 1857年,黎曼引入并发展了代数函数论,使代数曲线的研究获得了一个关键性的突破。他在复数平面的某种多层复迭平面上,引入了黎曼曲面的概念,定义了"亏格"这个代数曲线最重要的数值不变量,这也是代数几何历史上出现的第一个绝对不变量。[③] 此后,德国数学家诺特等人用几何方法获得了代数曲线的许多深刻性质,并对这些性质进行了深入研究。

阿贝尔

庞加莱

19世纪末,以卡斯泰尔诺沃(1865—1952)、恩里奎斯(1871—1046)和塞维里(1879—1961)为代表的意大利学派以及以庞加莱、皮卡和莱夫谢茨(1884—1972)为代表的法国学派,对复数域上的低维代数簇建立了代数曲面分类理论。[④]

20世纪以来,代数几何最重要的进展之一是在最一般情形下建立了理论基础。20世纪30年代,美国数学家扎里斯基(1899—1986)和荷兰数学家范德瓦尔登(1903—)等

---

① 佚名.代数几何[M].北京:科学出版社,2007.

② 王幼宁,吴英丽.代数几何学:关于双曲空间中椭圆的一些几何性质[J].中国学术期刊文摘,2008(1):20-20.

③ I. R. Shafarevich.代数几何[M].北京:科学出版社,2007.

④ 李克正.代数几何初步[M].北京:科学出版社,2004.

首先在代数几何研究中引进了交换代数的方法。40 年代,法国数学家韦伊建立了抽象域上的代数几何理论。50 年代中期,法国数学家塞尔(1926—)建立了凝聚层的上同调理论。60 年代以后,以日本数学家小平邦彦(1915—1997)、美籍华人数学家丘成桐(1949—)为代表的学者,在代数曲面的分类理论方面取得很大进展。今天,代数几何已经发展成为数学的一个十分活跃且十分重要的学科,已在抽象代数几何学、代数曲线和代数全面等领域取得巨大进展,并成为数学发展的重要工具。例如 1994 年,安德鲁·怀尔斯(1953—)证明了费马大定理,就是使用了代数几何的工具和方法。同时,代数几何也在实际中(例如在现代粒子物理的超弦理论中)得到了广泛应用。①

3.3.6 分形几何学

1. 分形与分形几何学的概念

分形是描述复杂几何形体结构的一种数学概念。它一般指维数取非整数的几何形体:一个粗糙或零碎的几何形状,可分为数个部分,且每一部分都(至少会大略)是整体缩小尺寸的形状。"分形"一词译于英文 fractal,创始人是美籍法裔数学家本华·芒德布罗(1924—2010),他在《大自然的分形几何》中,阐述了以自相似为特征的分形理论②。

1975 年夏天的一个寂静夜晚,芒德布罗在冥思苦想之余,偶尔翻阅了他儿子的拉丁文字典时,突然想到 fractal 一词。此词源于拉丁文形容词"fractus",对应的拉丁文动词是"frangere"("破碎"、"产生无规则碎片")。这个词还与英文的"fraction"("碎片"、"分数")及"fragment"("碎片")具有相同的词根。

芒德布罗

开始,芒德布罗是想用分形来描述欧几里得几何学所不能描述的一类复杂而又不规则的几何对象(例如海岸线),它们的特点都是极不规则或极不光滑,这些对象都是分形。之后,芒德布罗将分形的概念从理论上的分形维数拓展到自然界中的几何图形。

---

① I. R. Shafarevich. 代数几何[M]. 北京:科学出版社,2007.

② B. B. Mandelbrot. The Fractal Geometry of Nature[M]. New York: W. H. Freeman,1982.

不规则的海岸线

由于客观事物的局部与整体在形态、功能、信息、时间、空间等方面具有统计意义上的相似性(自相似性),于是人们就把其组成部分与整体以某种方式相似的"形"叫做分形[①]。

研究分形的数学分支就称为分形几何学,它是一门以不规则几何形态为研究对象的几何学,自相似性是分形几何最本质的特征。

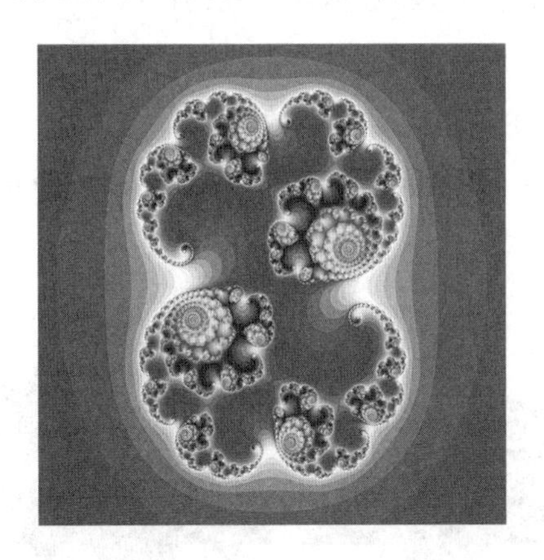

美丽的分形图

分形几何学以在形态或结构上存在自相似性的几何形状作为研究对象,维数是其研究对象的一个重要特征量。普通几何学的研究对象具有整数维数,而在分形几何学中则不一定是整数维数,还可以是一个分数维数,这是几何学的新突破,是继非欧几何之后,几何学发展史上的又一次重大革命。

① K. J. Falconer. Fratcal Geometry: Mathematical Foudations and Applications[M]. New York: John Wiley, 1989.

2.分形几何学的发展

分形几何学起源于人们对自然界中存在着的复杂的、无规则的、不光滑的现象的研究，康托尔、皮亚诺、豪斯道夫等数学家对它做出了开拓性贡献。在此基础上，法国数学家芒德布罗于1975、1977和1982年先后用法文和英文出版了三本专著，其中的《分形：形、机遇和维数》及《自然界中的分形几何学》标志着分形几何学的形成。他第一次完整地给出了“分形”和“分数维”的概念，同时提出了分数维数的定义和算法。1993年，以芒德布罗为名誉主编的杂志《分形》创刊，进一步推动了分形几何学的发展。

在数学中，分形的生成是基于一个不断迭代的方程，即一种基于递归的反馈系统。分形有几种类型，可以分别依据表现出的精确自相似性、半自相似性和统计自相似性来定义。人们一致认为理论上的分形是无限迭代、自相似的、具有分形维数的精密数学结构。据此，人们创造了许多分形图案并进行了充分的研究。

举一个称为“科赫曲线”的例子①：人们常用“雪飞六出”来描述雪花的形状，其实雪花并不只是呈六角形，这是由于它们在结晶过程中所处环境不同而致。仔细观察六角雪花会发现它并非呈一个简单的六角形。1906年，数学家科赫(1943—1910)在研究构造连续而不可微函数时，提出了如何构造能够描述雪花的曲线——科赫曲线。

将一条线段对掉其中间的 1/3，而用等边三角形的两条边(它的长为所给线段长的 1/3)去代替。不断重复上述步骤可得所谓的科赫曲线。

如果将所给线段换成一个等边三角形，然后在等边三角形每条边上实施上述变换，便可得到科赫雪花图案。

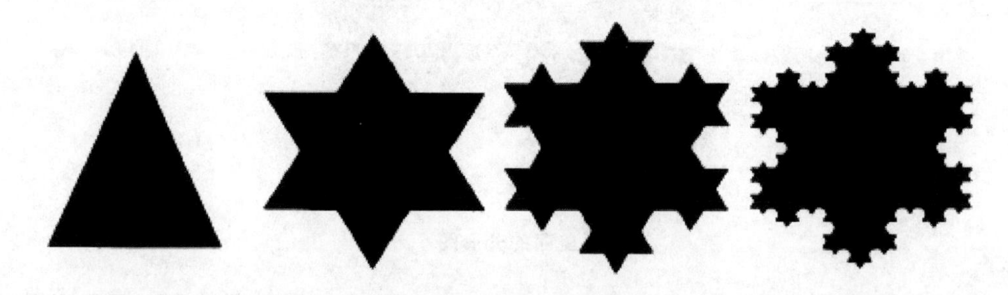

科赫雪花图案

这是一个极有特色的图形，设原正三角形边长为 a，可算出上面每步变换后的科赫(曲线)雪花的周长和它所围的面积分别是：

周长：$3a, \frac{4}{3} \cdot 3a, \left(\frac{4}{3}\right)^2 \cdot 3a, \cdots \to \infty$

---

① 江南，曲安京，李斐.科赫曲线的产生及其影响[J].科学技术哲学研究，2019，36(1)：100-105.

面积：$S=\frac{9\sqrt{3}}{4}a^2, S+\frac{4}{9}S, S+\frac{4}{9}S+\left(\frac{4}{9}\right)^2 S, \cdots \to \frac{18\sqrt{3}}{5}a^2$

这就是说，科赫雪花不断实施变换“加密”，其周长趋于无穷大，而其面积却趋于定值。

我们通常把能够确切描述物体的坐标个数称为维数，如点是 0 维的、直线是 1 维的、平面是 2 维的、……

那么，分数维数如何定义呢？我们以科赫曲线为例说明，这里主要介绍与分形关系较密切但最易理解的所谓相似维数，粗略地讲①：

若某图形是由 a^D 个全部缩小至 $\frac{1}{a}$ 的相似图形组成的，则 D 被称为相似维数。

设经过 n 步变换的科赫曲线每条长为 $\delta=\left(\frac{1}{3}\right)^n$，故 $n=-\frac{\ln\delta}{\ln 3}$，而此时曲线总长为 $N(\delta)=4^n=4^{-\ln\delta/\ln 3}$。这样，

$\ln N(\delta)=-\frac{\ln\delta}{\ln 3}\ln 4=\ln\delta^{-\ln 4/\ln 3}=\ln\delta^{-D}$。

从而，$D=\frac{\ln 4}{\ln 3}\approx 1.2619$，称为科赫曲线的维数。

大致地讲，若 k 为图形放大倍数，而 L 为边长(线性)放大倍数，则 $D=\frac{\ln k}{\ln L}$。

我们知道，对于任何一个有确定维数的几何体，若用与之相同维数的“尺子”去度量可得一个确定的数值；若用低于它维数的“尺子”去度量，结果为 ∞；若用高于它维数的“尺子”去度量，结果为 0。这样用普通的标尺去度量海岸线显然不妥了(海岸线的维数大于 1 而小于 2)。

维数为 1—2 的曲线维数表示它们的弯曲程度和能填满平面的能力；而 2—3 维曲面维数表示它们的复杂程度和能填满空间的能力。

分形几何从创立到现在不长的时期里已展示出其美妙、广阔的前景，它在数学、物理、天文、生化、地理、医学、气象、材料乃至经济学等诸多领域均有广泛应用，且取得了异乎寻常的成就，它的诞生使人们能从全新的视角去了解自然和社会，从而成为当今最有吸引力的科学研究领域之一，被公认为现代非线性科学的三大研究课题之一，有“真正描述大自然的几何学”之美誉。②

① 吴振奎. 分形漫话[J]. 科学世界，1998(6)：33-35.

② Michael Batty，赵永长，Chritine Sutton. 分形——维数之间的几何[J]. 世界科学，1986(12)：19-22.

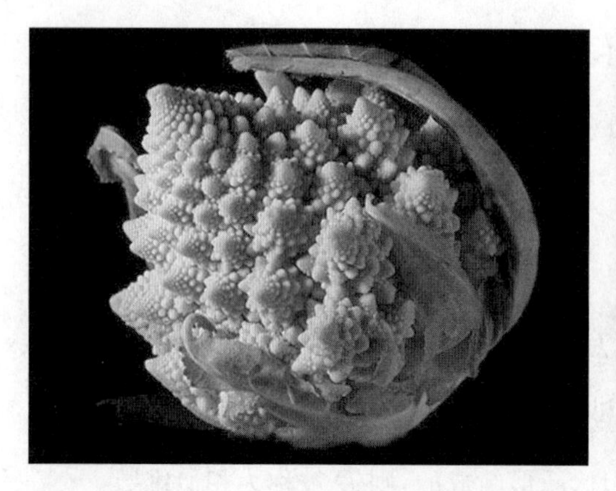

花菜以自相似的形式构成了近似的自然分形

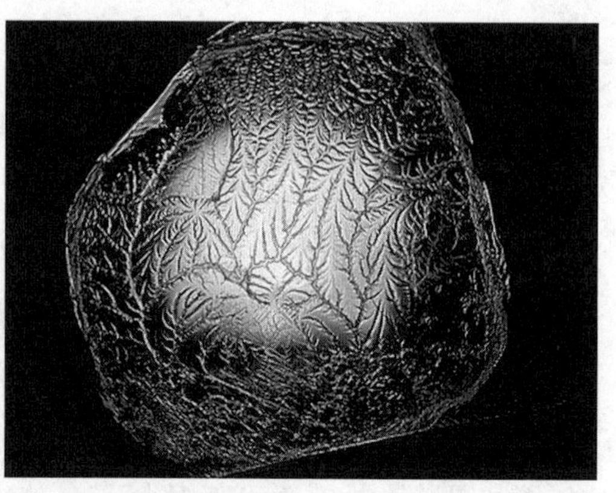

拉开两个被胶水覆盖的丙烯酸片时产生的分形

冷玻璃上自然形成的霜晶呈现分形

3.5 三角学

3.5.1 “三角学”释义

“三角学”一词来自希腊文，原意是三角形的测量，即解三角形，它是由希腊文“三角形”和“测量”两个词组合的，而英文 trigonometry 是由拉丁文 trigonometria 转变而来的。三角学的产生和发展与天文学、几何学有着密切的联系，并且早期的三角学是隶属于天文学的。因此它研究的对象先是球面三角，然后才是平面三角。随着研究范围的逐渐扩大，三角学成为研究三角函数及其应用的数学分支。

中国古代在勾股测量方面的卓越成就，足以使中国比西方更早发明三角学。但是，由于中国古代始终没有把边、弧和角的关系明确地揭示出来，所以三角学始终没能在中国产生。三角学输入我国，开始于明代崇祯四年(1631)，这一年瑞士来华传教士邓玉涵编译了我国第一部三角学著作,称为《大测》。序言称"大测者,测三角形法也"。"测天者所必须,大于他测,故名大测。"

该书是依德国皮提斯科斯(1561—1613)《三角法》和荷兰斯台文《数学记录》编译成书,后来收入徐光启主编的《崇祯历书》。《大测》主要讲造表法、用表法和三角八线的性质,许多名词,如弦、正弦、余弦、余切,余割等,沿用至今。书中还涉及了平面三角形的正弦定理、余弦定理、正切定理及直角三角形解法等,记载了6种正多边形边长的求法、正弦与余弦关系式、倍角公式、半角公式等,并未涉及三角测量及球面三角法,主要是说明三角函数的性质、造表及用表法。这是中国西学输入时期三角学的代表作。书中对三角术语的翻译是很精准的。例如,把 sin 翻译成正弦,"正"就是正对,表示直角三角形中角的对边。把 cos 翻译成余弦,"余"表示直角三角形中角的余角,即余角的正弦。这样一来,正弦就是对边比斜边,余弦就是邻边比斜边。清朝初年,数学家梅文鼎(1633—1721)编写了《平三角举要》和《弧三角举要》各五卷,这是当时两部较好的入门书籍。

3.5.2 静态的三角学

三角学最早产生于古希腊,此后,印度、阿拉伯、欧洲都对三角学做出了不少贡献,并最终使三角学成为一门独立的数学分支。静态的三角形发展大体上可分为两个时期:从远古到11世纪以前为第一时期;从11世纪到18世纪是第二时期。

人类对三角学的认识起源于天文观测,为了确定行星和恒星的位置,必须有一个圆弧和角的度量单位以及一个"坐标"系统。巴比伦首先采用60进制,把圆周分为360°,又将半径分为60等份,每一份分为60小份。每一小份再分为更小的份,以此类推。把这些小份依次叫做"第一小份""第二小份"。后来"小"变成了"分","第二"变成了"秒"(拉丁文转化),这就是"分""秒"名称的来源。

巴比伦泥板

巴比伦人还首次采用了椭圆系统，用沿椭圆方向与垂直椭圆方向来确定星球的位置。

在第一期中，只是用已知的几何知识解决三角学内部的一些简单问题，还没有角的函数概念，没有提出三角形中的边角关系。古希腊天文学家希帕索斯是三角学的开山鼻祖。他采纳了巴比伦的角度制，改进了巴比伦的椭圆系统，作了一个和现今三角函数表相仿的"弦表"，就是在固定的圆内，不同圆心角所对弦长的表。相当于现在圆心角一半的正弦线的两倍。

三角学最早的系统性论著是托勒密的《数学汇编》。该书本来是研究天文的专著，其中使用了三角学的知识。后来的评论家为了把它和其他篇幅较小的天文学著作区别开来，称之为《大汇编》。全书共 13 篇，书中采纳了希帕索斯的思想，介绍了如何用托勒密定理推导弦表的方法（相当于从 0°到 90°每隔 $\left(\frac{1}{4}\right)^{\circ}$ 的正弦函数表），还推出正弦、余弦的和差关系及一系列的三角恒等式。虽然托勒密研究的是球面三角形，但是制定出的弦表实际上奠定了平面三角学的基础。

托勒密

梅内劳斯（约 236）的《球面论》在三角学发展中也起了重要作用。书中第一次给出了球面三角的定义，把它定义为球面上小于半圆的三个大圆弧所构成的图形，并得到若干球面三角形的命题，有一些命题在平面上是不存在的。其中被人称之为梅内劳斯定理的是一个相应的平面几何命题 $\left(\frac{CE}{AE}=\frac{CF}{FD}\cdot\frac{BD}{AB}\right)$ 往球面几何上的推广，用现代符号记为 $\frac{\sin CE}{\sin AE}=\frac{\sin CF}{\sin FD}\cdot\frac{\sin BD}{\sin AB}$。

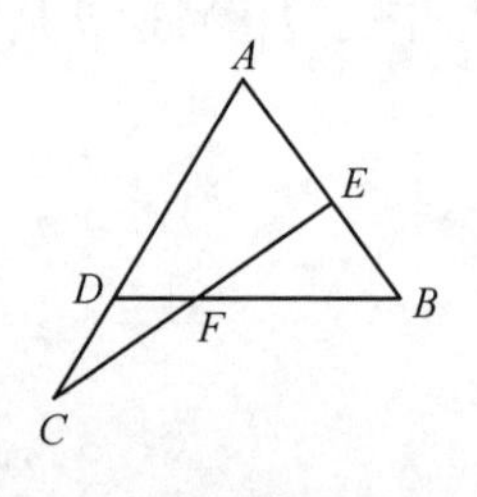

印度的阿耶波多（476—550）对三角学做出了很大贡献。他制作了一个正弦表，计算出了第一象限内每隔 $3^{\circ}45'$ 的正弦长。他的做法与古希腊的做法不同，计算的是半弦（相当于现在的正弦线）而不是全弦。同时阿耶波多认为圆弧与弦长应取同一单位来度量。将圆周分为 360×60 分＝21600 分（单位），那么半径就是 3438 个单位，这种统一度量弧长与半径的单位的思想，正是弧度制的精髓。

阿耶波多给半弦长的命名，至 12 世纪意译成拉丁文 sin *us*，这就是今天"正弦"一词的来源，但已与当初印度人弓弦的意义相去甚远。1631 年瑞士的邓玉函、德国的汤若望（1592—1666）和中国的徐光启等人编《大测》一书，译 sin *us* 为"半正弦"或"前半弦"，简称为"正弦"，这是中国"正弦"这一术语的由来。

7 到 15 世纪间，阿拉伯人在吸取古希腊和印度已有成果的基础上，引入了新的三角量，揭示了这些三角的性质及其关系，给出了若干三角公式，并制造了一系列三角函数表，又使三角学从天文学中分化出来，发展成为一门独立的学科。

土库曼学者阿尔·哈帕施(8—9 世纪)是最早用直角三角形两个直角边定义正切和余切值，他利用日晷仪确定了正切和余切的值，他取日晷高 h 为 l，当垂直放置时，h 的影长为 t，则 $t=\operatorname{ctg}\alpha$。他还编制了正切和余切表。

在三角学方面有重大贡献的还有天文学家阿尔·巴塔尼(859—929)。受印度人的影响，他采用了半弦而不是全弦，用代数法得出了弦与切之间的许多关系，定义了 0°到 90°的余弦，并发现了球面三角中的余弦定理：$\cos a=\cos b\cos c+\sin b\cdot\sin c\cos A$。阿尔·巴塔尼研究出平面中余弦定理的结果，但只是作为一个习题。几百年后，阿尔·卡西(14—15 世纪)给出了余弦定理的下述形式：$a^2=(B-c\cos A)^2+c^2\sin^2 A$。现在所见到的余弦定理是法国数学家韦达首次给出的。

阿布尔·瓦发(948—998)首次把正切数作为一个独立的函数，而不是以正弦和余弦的商提出来。阿尔·毕鲁尼(973—1048)的《马苏德天文学和占星学原理》给出了正弦表，并叙述了这个表的使用方法；他还研究了正切函数及余切函数。值得一提的是他证明了平面三角和球面三角的正弦定理。

1250 年左右，塔吉克的著名天文学家纳速·拉丁(1201—1274)，发表了一本独立于天文学系统的三角学《论四边形》。书中非常完整地建立了三角学的系统，指出了平面三角与球面三角差异的标志性差异：在球面三角形中，由三个角可以求出三边及由三边可求三角。他首次给出了解斜三角形中已知三边求三角的方法。这就使三角学完全脱离了天文学而成为一个独立的数学分支，为三角学的诞生奠定了基础。

欧洲人在承继阿拉伯数学的基础上，将三角学推向顶峰。1533 年，德国数学家雷基奥蒙坦(1436—1476)发表了《三角全书》(完成于 1464，出版于 1533)。全书分五册，前二册讲平面三角，后三册讲球面三角。他综合了平面三角和球面三角，建立了现代三角学的雏形。他还给出了球面三角的正弦定理 $\dfrac{\sin a}{\sin A}=\dfrac{\sin b}{\sin B}=\dfrac{\sin c}{\sin C}$ 和边的余弦定理。

雷提卡斯(1514—1576)由于天文观察工作的需要，取 $r=10^{10}$ 和 $r=10^{15}$，对每 10 秒弧给出了正弦、正切和正割表。这一工作在他身后的 1596 年才由他的学生鄂图(约 1550—1605)完成。雷提卡斯还使用了全部 6 个三角函数，明确提出了复角的正弦和余弦公式。

棣莫佛

1613 年，德国的皮提斯科斯艰难地修订并出版了雷提卡斯的三角函数表。至此，一个精密的三角函数表已完成。

1625 年，荷兰数学家吉拉德给出正弦、正切和正割的符号 sin、

tg、sec。1707 年法国数学家棣莫佛将虚数 i 引入三角学，给出了棣莫佛定理：$(\cos x+\mathrm{i}\sin x)^n=\cos nx+\mathrm{i}\sin nx$，这些工作都极大地丰富了三角学的内容。

3.5.2 动态的三角学

1748 年，瑞士数学家欧拉发表了一部划时代的著作《无穷小分析引论》，使三角学从静态地研究三角形解法的狭隘天地中解放出来，去反映现实世界一切可用三角函数来反映的运动或变化过程，使三角学成为具有现代特征的一门学科。①

欧拉

首先，欧拉提出三角函数是对应的函数线与圆半径的比值，一改过去以线段的长作为三角函数的定义，并令圆的半径为 1，使三角研究大为简化。

其次，欧拉在三角学中引入了弧度制（弧度一词，是汤普逊（1824—1907）于 1873 年首先使用），即如果圆的半径是一个单位，那么半圆的周长是 π，$\frac{1}{4}$圆周的长就是$\frac{\pi}{2}$，这样把度量直线段和圆弧的单位统一起来，大大简化了三角公式及其计算。

再次，欧拉彻底解决了三角函数在四个象限中的符号问题，把三角公式推广到一般情况。

最后，欧拉发明了著名的欧拉公式：$\mathrm{e}^{\mathrm{i}\theta}=\cos\theta+\mathrm{i}\sin\theta$，并把三角函数同指数函数联系起来，使三角学从研究三角形解法进一步转变为研究三角函数及其应用的一个分析学的分支。

3.6 微积分

3.6.1 微积分概念的由来

微积分（calculus）是研究函数的微分（differentiation）、积分（integration）以及有关概念和应用的数学分支。它是数学的一个基础学科，内容主要包括极限、微分学、积分学及其应用。通常人们称牛顿和莱布尼兹是微积分的奠基人。牛顿称微积分为“流数术”，这个名称逐渐被淘汰。莱布尼兹使用了“差的计算”（calculus differentialis）与“和的计算”（calculus summatorius）。后来，“差的计算”变成了专门的术语“微分学”（英文

① 韩祥临. 数学史导论[M]. 杭州：杭州大学出版社，1999.

differential calculus)。约翰·伯努利主张把"求和计算"改为"求整计算"(calculus integralis),后来成为专门术语"积分学"(英文 integral calculus)。这就是西方微分学和积分学的来源。两者合起来叫微积分,在英文中简称为 calculus。

中国古代有许多微积分思想,尤其清代李善兰独创的尖锥术,已使中国步入了微积分的大门。但还未形成多大影响时,西方的微积分就传入了中国。1859 年 5 月 10 日,上海印刷发行了李善兰和伟烈亚力合译的《代微积拾级》。译名的"代"指的是解析几何(原译名为代数几何,后来改为解析几何),"微"指微分,"积"指积分。李善兰在序中说:"是书先代数,次微分,次积分,由易而难,若阶级之渐长",故名"拾级"。这就是中国微积分名称的来源。"微积"可能是依《数书记遗》"不辩积微之为量,讵晓百亿于大千"句,取"积微成著"之义。译名反映了李善兰对概念的科学内容的深刻理解,并表现了汉学的高深造诣。

早期中国古代数学家对微积分的认识,主要源自《代微积拾级》与《微积溯源》(1874,华蘅芳与英国傅兰雅合译),二书皆由西方数学著作翻译而来,译者对原书的理解与认识,直接影响了翻译的质量。《代微积拾级》作为中国第一部微积分译著,受到了中国古代数学家的极大关注,其内容更是中国古代数学家学习微积分的基础。因此,《代微积拾级》的翻译,直接影响着微积分在中国的传播进程。

从整个微积分的发展历程来看,世界上第一本系统的微积分著作是洛比塔(1661—1704)的《无穷小分析》(1696),于是"无穷小分析"(简称"分析")便成了微积分的别名。1748 年,欧拉著《无穷小分析引论》,"分析"或"分析学"作为微积分的名称便更加通行。

3.6.2 早期的微积分思想

早在阿基米德时期,人们就在寻求曲边形的面积、曲面体的体积等问题,使用了分割、求和过程,最终导致了积分学的产生;而在求作曲线的切线问题和求函数的极大值、极小值问题时导致了微分学的产生。历史上,积分学先于微分学,而不是像今天的《数学分析》所讲授的那样,先微分后积分。

阿基米德

积分的起源是很早的,它可以追溯到古希腊时代。且不提德谟克利特的原子论和芝诺的四个悖论(关于无限的),仅阿基米德在求抛物弓形的面积时就用到了分割、求和的思想。但希腊人恐惧无穷、追求严密论,结果用穷竭法代替了极限理论。中国早在先秦时期就对空间的无限性有所认识,魏晋时期的刘徽、南北朝时期的祖冲之已开始用分割、求和、取极限思想与方法来求圆的面积和球图形的体积。

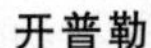
开普勒

托里切利

17 世纪，开普勒、卡瓦列里、费马、沃利斯都使用了无穷小分割求和的方法；伽利略、托里切利(1608—1695)、巴罗、笛卡尔、费马都使用过切线构造法。

3.6.3 牛顿与微积分

艾萨克·牛顿①，1642 年 12 月 25 日(旧历)生于英国一个名叫乌尔索姆的小村庄里；1727 年 3 月 30 日去世。有史以来最伟大的物理学家、数学家，微积分的发明者之一。

牛顿

牛顿出生在一个人口不多、家境中等的农场主家庭。父亲死时牛顿还没有出生，由于母亲要进行繁重的劳动和家务，使牛顿不足月就出生了。刚出世的牛顿非常瘦小虚弱，许多人都认为他可能活不成。想不到，他竟享有 85 岁的高龄。

他从小学到中学在学习成绩上没有表现出任何突出的地方，他似乎厌恶学校生活。由于牛顿体弱不能像普通孩子那样玩耍，他就独自思考，发明制作了许多新奇的玩意儿。在这些小发明中，他的天才崭露出来。此后，牛顿博览群书，并且在笔记本上草草记下各种各样神秘的符号和不同凡响的意见。后来，他成了学校里成绩最好的学生。

1656 年，牛顿的继父去世，母亲带着三个异父同母的弟妹们回到乌尔索姆。生活的

① E. T. Bell. 大数学家[M]. 井竹君，等译，台北：九章出版社，1998.

拮据，使牛顿只好弃学务农，走边耕边读的道路。他读书经常入迷，下田时忘记劳动；放羊时忘了照看羊群，以至于羊群常常糟蹋了庄稼。

1661 年 6 月，牛顿进了剑桥大学三一学院，他是一个半公费生(做仆人的工作挣钱交学费的学生)。尽管年轻的牛顿开始感到很孤独，但他专心致志于他的工作。他从笛卡尔那里，继承了解析几何；从开普勒那里，继承了天体运动的三个基本原理；从伽利略那里，得到了他自己的运动三定律中的头两个。

牛顿的数学老师是巴罗，一位神学家和数学家。他高兴地看到比自己更伟大的人出现了，1669 年，他辞去鲁卡斯数学教授职位，让给这个无与伦比的学生。巴罗的几何学讲义，包括他自己的求面积和画曲线的方法实质上分别是积分学和微分学的关键问题。这使牛顿受益很大。

1664—1666 年，奠定了牛顿在科学和数学上的全部工作基础。1664—1665 年黑死病流行，大学关闭了，两年中的大部分时间，牛顿隐居在乌尔索姆沉思。此时他发明了流数方法，发现了万有引力定律，通过实验证明了白光是由各种颜色的光合成的。通过对光的色散现象的研究和试验，他认为透镜造成的色差是不可能消除的，并且设计制造出避免色差的第一具反射望远镜。仅此一项发明，就足以使牛顿名垂青史了。

牛顿

1684—1686 年，牛顿写出了他在天文学和动力学方面的发现：《自然哲学的数学原理》。1686 年，《原理》被提交给皇家学会，1687 年哈雷出资出版了它。全书分三卷，卷一奠定了动力学原理；卷二包括在有阻尼的介质中物体的运动和流体运动；卷三是著名的“世界的体系”。在这部光辉著作中有着无尽的宝藏，而赋予整部作品以生命力的是牛顿的动力学、万有引力定律、微积分以及动力学和万有引力定律在太阳系中的应用。牛顿指出怎样计算太阳的质量，以及怎样决定拥有一个卫星的行星的质量。他还首创了摄动理论，这不仅在那时可以用于解释行星的运动规律、潮汐现象，发现一些新星，而且在今天还可用于电子轨道。

牛顿为后人留下了很多，尤其是作为数学家的牛顿以微积分的发明而名垂青史。

如果把微积分看作是由于无穷小分析所涉及的观点、方法和发现而构成的一门以独特的算法为特征的新学科的话，那么在牛顿和莱布尼兹之前这个学科已经大体上完成了。但微积分毕竟不是各种特例及其方法堆积而成的材料。发现微积分的方法是一回事，而认识到这一方法的重要性并对这一方法加以提炼，使之一般化又是另一回事。牛顿和莱布尼兹所做的正是在前人特殊方法的启发下，自觉地意识到要完成真正属于微积分的一般概念和方法，并实际完成了它。

牛顿是以物理的直观来对待微积分的。他认为曲线是由点的连续运动生成的。因此，生成点的横坐标和纵坐标一般来说都是变化着的量。他把这个变化着的量称为流（流动的量），而把流的变化率称为流数。如果一个流生成曲线的点的纵坐标为 y，则它的流数就用$\dot{y}$ 表示，$\dot{y}$ 的流数用$\ddot{y}$ 表示，以此类推。这种表示导数的方法在今天的物理学中还在使用。而数学中普遍使用的 $f(x)$ 的导数 $f'(x)$，是 1797 年法国数学家拉格朗日第一个给出的。牛顿认为曲线上点的运动是水平运动和垂直运动的合成运动，切线速度向量是水平向量和垂直向量的和。从而，曲线 $f(x,y)=0$ 的切线的斜率是$\frac{\dot{y}}{\dot{x}}$。

在牛顿的微积分中，他考虑的第一个问题就是：给定 x 和 y 之间的关系 $f(x,y)=0$，求流数 $\dot{x}$ 和 $\dot{y}$ 之间的关系（这一思想在 1664—1666 年已形成）。如在《流数法和无穷级数》（写于 1671 年，发表于 1736 年）中，牛顿考虑了一个三次曲线：

$$x^3-ax^2+axy-y^3=0 \tag{3-5}$$

他引入了他称之为流的矩的概念。所谓矩是一个无穷小量，它是在无穷小时间 o 中流的增量。因此，流 x 的矩由乘积$\dot{x}o$ 给出。先用 $x+\dot{x}o$ 代替式(3-5)中 x，用 $y+\dot{y}o$ 代替 y。再消掉那些含 o 的两次幂或高次幂的项，从而得到一个只含曲线生成点坐标 x 和 y 以及它们的流数 $\dot{x}$ 和 $\dot{y}$ 的方程：

$$3x^2\dot{x}-2ax\dot{x}+ay\dot{x}+ax\dot{y}-3y^2\dot{y}=0 \tag{3-6}$$

用 $\dot{x}$ 除式(3-6)并整理得 $\frac{\dot{y}}{\dot{x}}=\frac{3x^2-2ax+ay}{3y^2-ax}$

牛顿认为，流数法“不仅可以用来做出任何曲线的切线，而且还可以用来做出其他关于曲率、面积、曲线长度、重心等深奥问题”。正是在这种把微积分作为一种普遍有效的计算方法上，牛顿超过了他的前辈。他在给出曲线的切线之后，又提出一个反问题：给定表示 x 与流数比 $\frac{\dot{y}}{\dot{x}}$ 之间的关系的方程，如何求出 $f(x)$。早在 1666 年，牛顿已指出，反微分“总能做出可以解决的一切问题”。他讨论了如何借助反微分来计算面积的问题，这是历史上第一次以明显的形式出现的微积分基本定理。在牛顿之前基本上是把面积定义为和的极限，而牛顿却是先确定所求面积（对于 x）的变化率，通过反微分来计算面积，这就把流数法同变化率联系起来，清楚地说明了切线问题和面积问题之间的互逆关系，也说明了这两种类型的计算不过是以独特的、通用的算法为特征的同一数学问题的两个不同的侧面。在《运用无穷多项式方程的分析学》(写于1669年,发表于1711年)中,牛顿阐明了下列思想:

设有一条曲线,其下面积为 $A = ax^m$ (m 为有理数)。给横坐标 x 一个无穷小增量 o,有新坐标 $x + o$,并产生面积增量 oy ,新面积为

$$A + oy = a(x + o)^m$$

由二项式定理 $A + oy = a(x^m + mx^{m-1}o + \frac{m(m-1)}{1 \cdot 2}x^{m-2} \cdot o^2 + \cdots)$ 与 $A = ax^m$ 两边分别相减,并除以 o 得

$$y = amx^{m-1} + a \cdot \frac{m(m-1)}{1 \cdot 2}x^{m-1} \cdot o + \cdots$$

略去含 o 的项,得 $y = amx^{m-1}$。这就是相应于面积 A 的纵坐标 y 的表达式。此结果表明:若面积由 $A = ax^m$ 给出,那么构成这个面积的曲线为 $y = amx^{m-1}$;反之,若曲线是 $y = amx^{m-1}$,那么,它下面的面积就是 $A = ax^m$。

在上述求切线或面积的方法中,“ o ”到底是什么?牛顿没有解释。它有时是零,有时又不是零,这就产生了严重的逻辑困难。在《曲线求积术》(写于1676年,1704年发表)和《自然哲学的数学原理》(1687年发表)中,牛顿给出了“最初比”和“最后比”的概念,反映了牛顿试图以函数为考察对象,以导数为中心,并把它建立在极限基础之上的做法。举例来说,为求 $y = x^n$ 的流数,设 x 变为 $x + o$, x^n 则变为

$$(x + o)^n + x^n + n \cdot o \cdot x^{n-1} + \frac{n}{2}(n-1) \cdot o^2 \cdot x^{n-2} + \cdots$$

构成两变化的“最初比”:

$$\frac{(x + o) - x}{(x + o) - x^n} = \frac{1}{\frac{nx^{n-1} + n(n-1)}{2} \cdot o \cdot x^{n-2} + \cdots},$$

然后“设增量消逝,其最后比就是 $\frac{1}{nx^{n-1}}$ ”,亦即 x 的流数与 x^n 的流数比。用现在的语言来说,它就是 x^n 关于 x 的变化率导数,只是在形式上与今天的表达式相倒置。当然,牛顿这种萌芽状态的极限理论仍是含混不清的,马克思在《数学手稿》中曾深刻地指出了牛顿微积分的这一严重缺陷,并称之为“神秘的微分演算”。

3.6.4 莱布尼兹与微积分

莱布尼兹①,1646年7月1日生于德国的莱比锡;1716年11月14日在汉诺威辞世。

---

① E. T. Bell. 大数学家[M]. 井竹君等译,台北:九章出版社,1998.

博学多能的大师。

莱布尼兹

莱布尼兹在一个充满着政治气氛的学术环境中度过了他的幼年。6 岁时父亲去世，但在这之前他已经受父亲的影响对历史产生了爱好。虽然他在莱比锡进了学校，但他还不断地阅读父亲的藏书。12 岁时掌握了拉丁文，后又继续自学希腊文。在这个阶段，他的智力发展与笛卡尔的智力发展相似：古典文学的学习已不再能使他满足，因而他转向了逻辑学。那时他还只是一个不足 15 岁的孩子，却要改写由古典学者、经院哲学家和基督教神父们提出的逻辑学。在这种努力中他的符号语言也开始萌芽。

15 岁他进了莱比锡大学学习法律，但这没有占去他的全部时间。头两年他广泛阅读了哲学著作，知道了开普勒、伽利略和笛卡尔所发现的新世界。他了解到，只有熟悉数学的人，才能懂得这个比较新的哲学，于是便去听数学讲座。

1666 年，莱布尼兹 20 岁，他已经为取得法律博士学位做好了准备。但莱比锡大学没有授予他博士学位，公开的理由是他太年轻，实际是由于嫉妒。莱布尼兹从此永远离开了他的家乡，前往纽伦堡。纽伦堡的阿尔特多夫大学分校立刻授予他博士学位，并聘请他为该大学的法学教授。但莱布尼兹拒绝了这个职位，他有全然不同的抱负，但没有透露这个抱负是什么。

1666 年对牛顿来说是创造奇迹的一年，对莱布尼兹也是伟大的一年。在他称之为“中学生随笔”的《论组合的艺术》中，这个 20 岁的年轻人立志要创造一种使一切严格推理都归于符号技术的伟大规划。这件事现在也没有做到。但是他确实想得很全面，并且做了一个重要的开端。后来，他被指定去订正法典。不久，又成了一名第一流的外交官。

直到 1672 年，莱布尼兹对他那个时代的数学几乎还一无所知。后来，在外交之余碰到了惠更斯，在惠更斯的指导下他接受了真正的数学教育。莱布尼兹一下子被数学的魅力迷住了。他很快发现自己是一个天生的数学家。1673 年初，莱布尼兹去了伦敦，见到英国的数学家，并知道了无穷级数的方法，就着手进行研究。在伦敦期间，他参加了皇家学会的会议，展出了他的计算机。该年 3 月他被选为皇家学会的外籍会员。1700 年他和牛顿成为法兰西科学院的第一批外籍院士。1676 年在离开巴黎去汉诺威之前，他已做出了一些微积分学的基本公式，还发现了微积分基本定理，并于 1677 年 7 月 11 日发表。牛顿发明微积分先于莱布尼兹十多年，但发表却在其后，因而引起了一场关于微积分发明优先权的无聊的争吵。

莱布尼兹后半生的四十年是在为布伦斯威克家族的王公贵族们整理家谱，直到 1716 年去世。莱布尼兹作为一个外交官、历史学家、哲学家和数学家，在每一个领域中都完成了足够一个普通人干一辈子的事情。“通才”毫不夸张地适用于他，却不适用于牛顿。

在数学上，莱布尼兹的一般性也与牛顿的不偏离正轨形成了截然相反的对照。牛顿认为在把数学推理应用到物质世界的现象中，只有一个东西（微积分）是重要的；而莱布尼兹认为有两个（微积分和组合分析）。莱布尼兹集数学思想的两个宽广的、对偶的领域（离散和连续）中的最高能力于一身，这是前无古人的。

牛顿在去世后得到了应有的荣誉，而莱布尼兹却没有。牛顿被安葬在威斯敏斯特教堂，那是受到整个讲英语民族尊敬的圣地；莱布尼兹却被葬在一个无名墓地，他被自己的人民冷冷地抛在一边。

作为数学家的莱布尼兹，今天的知名度比他去世时要高得多，并且在继续提高。

莱布尼兹的微积分思想起源于他对组合数性质的研究。当他在惠更斯的劝告下学习帕斯卡的论著时，看到了微分三角形（也称特征三角形）的作用，并开始联想到：求曲线的切线依赖于纵坐标与横坐标的差值（当这些差值变成无限小时）的比；求积依赖于在横坐标的无限小区间上的纵坐标之和或无限薄矩形之和。莱布尼兹认识到求和与求差运算是可逆的，这一认识是发明微积分的关键。1666 年前后，他发现整数的平方序列 $\{a_n\}$：0，1，4，9，16，25，36，49，…与一阶差 $\{b_n\}$：1，3，5，7，9，11，13，…之间有关系：$b_n = a_{n+1} - a_n$；$a_n = b_{n-1} + b_{n-2}$ $(n > 2)$。同样，在帕斯卡三角形中，任何元素是所有上面一行在左边各项之和，也是紧靠它下面的两项之差。莱布尼兹认为，这种和与差之间的互逆性，正和依赖于坐标之差的切线问题及依赖于坐标之和的求积问题的互逆关系是一样的。所不同的只是帕斯卡三角形和平方序列中的两元素之差是有限值，而曲线的纵坐标之差是无穷小量。这说明莱布尼兹在考虑无穷小量和、差运算时，一下就把它与早期他对有限量的和、差可逆性关系联系起来了。由此出发，借助于几何直观，莱布尼兹首次引入了微分记号 d，他说："d 意味着差"，他用 dx，dy 表示曲线上两个相邻点的横、纵坐标之差。1675 年，他创立了符号 $\frac{dy}{dx}$ 表示导数，并用 $\int dx$，$\int dy$ 表示所有这些差的和，这个积分符号是拉丁文 summa 的第一个字母 s 拉长而得到的。

```
1    1    1    1    1    1
   1    2    3    4    5
      1    3    6    10
         1    4    10
            1    5
               1
```

莱布尼兹的思想文献分为两类：一是从 1673 年起的莱布尼兹手稿（笔记）和与友人的通信。二是 1684 年起发表的论文。虽然他的微积分富于启发性且意义深远，但零碎不全，没有牛顿那样有条理。归纳起来，除了发现和应用微积分基本定理以外，主要成果有：

(1)复合函数的微分法则；

(2)弧微分法则 $ds = \sqrt{\mathrm{d}x^2 + \mathrm{d}y^2}$ ；

(3)对数函数和指数函数的微分法则；

(4)在积分号下对参变量求微分的方法；

(5)曲线绕 x 轴旋转所成的旋转体体积公式 $V = \int \pi y^2 \mathrm{d}x$ ；

(6)求切线、求极大极小值以及求拐点的方法等。

莱布尼兹在选择合适的符号方面有独到之处，他提供了今天我们正在使用的一套非常灵巧的微积分符号，以至于我们在解释牛顿的微积分时，往往借助莱布尼兹的符号。当然，同牛顿一样，莱布尼兹对无穷小量的认识也是模糊的。

3.6.5 微积分的严格化

自从牛顿和莱布尼兹创立微积分以后，数学进入了生气勃勃的大革命状态。以欧拉、约翰·伯努利、拉格朗日、达朗贝尔、拉普拉斯等为代表的一大批数学家，积极地发展微积分：加深和扩大了对函数的认识；研究了各类函数的积分法；发展了多元函数的微积分。他们还在各个应用领域广泛推广，取得了累累硕果。所有这一切足以使二千年前欧几里得《几何原本》的成就相形见绌。数学家们为此成果的应用所陶醉，喜不自胜，狂热般地把微积分向前推进，而没有感到需要回过头来，整理一下数学的基础。然而，这个以磅礴气势向前发展的微积分，其创建伊始，是以几何学的直观性和运动学的连续性为基础的。这就形成了方法上有效但逻辑上不能自圆其说的矛盾局面。无怪乎有人认为，初期的微积分与其说是一门立论严谨的学说，毋宁说是一种新颖的解题方法。

约翰·伯努利

拉格朗日

达朗贝尔

拉普拉斯

进入 18 世纪以后，微积分这一学科由于在其逻辑基础方面的一些明显的不确定性(主要是无穷小量)，遭到了来自数学界之外的攻击，代表人物是伯克利(1685—1753)主教。他认为，牛顿和莱布尼兹的继承者的罪过在于使用了他们还没有理解的一些方法，甚至根据了一些在逻辑上矛盾的、含糊不清的概念来推导正确的结论。

到了 19 世纪，由于逻辑本身基础的不严密，微积分在前进中日益步履艰难。当波尔查诺(1781—1848)和柯西证明连续函数的中值定理时，曾用到实数的“有界单调数列的性质”，大意是说：每一个有界的递增或递减数列 $\{a_n\}$ 都是收敛的。实数的这个简单性质，那时还没有证实，只是在几何上认为它是显然的。

对级数的收敛和发散方面典型的例子是 $\sum_{i=0}^{\infty}(-1)^i$ ，对于这个级数的项采用不同的组合方式就产生不同的结果，如设这个“和”为 S ，则

$$S=1-1+1-1+\cdots=(1-1)+(1-1)+\cdots=0,$$

又 $S=1-1+1-1+1-\cdots=1-(1-1)-(1-1)-\cdots=1$,

还有 $S=1-(1-1+1-1+\cdots)=1-S$,

故 $2S=1$, $S=1/2$。

为什么会出现这种现象呢？因为这个级数是不收敛的，可在那时莱布尼兹却主张 1 和 0 这两个值都有作为其极限的可能性，并认为这个级数总的趋势是以 1/2 为极限。

再如调和级数 $\sum_{k=1}^{\infty}\frac{1}{k}$ ，若设其奇数项的“和”为 x ，偶数项的“和”为 y ，则我们有：

$$y=\frac{1}{2}\sum_{k=1}^{\infty}\frac{1}{k}=\frac{1}{2}(x+y)\text{，从而 } x-y=0\text{ 。}$$

由此得到交错级数 $\sum_{k=1}^{\infty}(-1)^{k+1}\frac{1}{k}=0$，这是荒唐的，因为交错级数 $\sum_{k=1}^{\infty}(-1)^{k+1}\frac{1}{k}$ 实际上是以 ln2 为极限。

总之，形如上述的错误结论是十分普遍的。那时，人们使用级数根本不考虑它们的收敛与发散；函数概念本身是不清楚的；导数和微积分的基本概念从来没有恰当的定义过。诸如此类，不胜枚举。人们将微积分发展中，因无穷小概念不清而引起的混乱与矛盾，称为第二次数学危机。

在当时，人们理所当然地认为，函数的连续性足以保证导数的存在。但 1834 年，波尔查诺却给出了一个处处不可微的连续函数。维尔斯特拉斯也给出了类似的例子。这些数学事实有力地说明了，直观并不总是可靠的，分析学必须建立在严密的逻辑基础上而不是直觉的基础上。渐渐地数学家们自己也认识到了分析学存在着逻辑问题。于是，进展的狂喜让位于严格的克己精神。19 世纪，数学的重心再次返回到严格证明的逻辑纯粹性和抽象性一边，这主要表现在以下几个方面：

(1)极限理论的建立

对微积分的重要概念首次作比较系统而又严格叙述的是捷克籍意大利传教士、哲学家和数学家波尔查诺。他第一个通过极限给出了函数在某一区间内连续的定义，至今沿

用。他把导数定义为函数增量同自变量增量之比的极限，避开了神秘的无穷小。

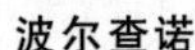
波尔查诺

柯西

真正建立起具有划时代意义的极限理论的是法国数学家柯西。柯西 1789 年生于巴黎，童年受拉普拉斯和拉格朗日的启蒙，从小爱好数学。27 岁成为巴黎科学院院士。兴趣广泛，著书甚丰。他的数学专著、讲义和文章据统计超过七百种，他的全集的现代版本共 26 卷，内容涉及数学的各个方面，特别是数学分析方面，他是当时集数学大成的人物，这方面的主要著作有：《分析教程》(1821)、《无穷小计算概要》(1823)、《微分学讲义》(1829)。正是通过这三部著作，才奠定了以极限理论为基础的现代数学分析的基础。

柯西不用力学和几何直观，而是通过变量概念给出极限定义："若代表某变量的一串数值无限地趋向某一固定值时，其差可以随意小，则该固定值称为这一串数值的极限。"当一个变量的绝对值无限地减小，使之收敛于零，就说这个变量为无穷小。类似地他还定义了无穷大、高阶无穷小和高阶无穷大。此后，柯西又通过极限给出了与波尔查诺完全一致的导数的定义。进而又通过导数定义了微分。

为适应函数概念的发展，柯西给出了新的连续函数的定义：如果在某一区间内，对于变量 x 的无穷小增量 Δx(1775 年，欧拉创立了 Δx 这种表示法)，函数 $f(x)$ 总有无限小增量 $f(x+\Delta x)-f(x)$，则 $f(x)$ 在这个区间内连续。这一定义与波尔查诺定义的不同是使用了无穷小，而无穷小又是通过极限定义的，所以柯西的定义有更严格的逻辑依据。

自牛顿以后，一直把积分看作是微分的反问题。可到了柯西，这种情况又发生了变化，柯西继承并发展了古代已有的积分作为微分元的和的思想，他同样从极限出发定义了积分。他假定函数 $f(x)$ 在区间$[x_0, x]$上连续，并用分点 x_i（$i=1,2,3,\cdots,n$，$x_n=x$）对其分割，柯西认为和式 $S_n=\sum_{i=1}^{n} f(x_i-1)(x_i-x_{i-1})$ 当$|x_i-x_{i-1}|$无限减小时，S_n 的极限值就是 $f(x)$ 在该区间上的定积分。他还定义了被积函数具有跳跃间断点和被积函数为无穷时的积分，并证明了积分学基本定理。

(2)数学分析的算术化

继柯西之后，对数学分析的发展最重要的是德国数学家维尔斯特拉斯在数学分析算

维尔斯特拉斯

术化方面所做的工作。维尔斯特拉斯 1815 年生于德国威斯特伐利亚地区的奥斯登费尔特，1834 年进波恩大学攻读财务与管理，却对数学产生了特别的兴趣，并为数学研究奉献了一生。在分析领域中，他以“$\varepsilon-\delta$”语言，系统建立了实分析和复分析的严格基础，基本上完成了分析的算术化。他认为，柯西完全凭借直观的运动叙述极限概念，并以其作为数学分析的基础就不是真正的严格。为了给数学分析奠定一个牢固的基础，他提出了同已有的变量和极限的动态观点完全不同的静态观点。这是维尔斯特拉斯 1856 年在柏林大学的一次演讲中首次提出的。用“$\varepsilon-\delta$”方法叙述数学分析中一系列重要的概念，如极限、连续、导数和积分等，就建立了分析学的严格体系。

(3)实数理论的建立

随着分析概念的精确化和体系的严格化，数学家们发现，他们有时不得不借助连续几何量的明显性去解释问题，但几何直观是靠不住的。为了保证分析结论的正确，以维尔斯特拉斯为代表的数学家们主张把分析学理论完全建立在数的基础上。无理数的理论当时是最被关注的。

柯西早在 1821 年的《分析教程》中就给出了无理数的一个定义，但陷入了逻辑循环。19 世纪 60 年代末以后，维尔斯特拉斯、C. 梅雷(1835—1911)、康托尔和戴德金各自给出形式不同但实质上等价的定义。有代表性的是康托尔和戴德金的定义。

康托尔

戴德金

康托尔在假定有理数的理论已经完成的前提下，引进了一个新的数类，叫做实数，它包含有理数和无理数。他指出：若有理数数列 $\{s_n\}$，满足对任意的自然数 m，都有 $\lim_{n\to\infty}(a_n-b_n)=0$，就称 $\{s_n\}$ 为有理数基本数列。每一个这样的数列定义一个实数 a。两个这样的数列 $\{a_n\}$ 和 $\{b_n\}$ 是同一个实数，当且仅当 $\lim_{n\to\infty}(a_n-b_n)=0$，并任取其中的一个数列作为等价类，便定义了该实数。由等价类的运算及大小关系便定义了实数的运算及大小关系。例如两个实数的和：设实数 α、β 分别是以有理数基本数列 $\{r_n\}$、$\{s_n\}$ 为代表的等价类，称以 $\{r_n+s_n\}$ 为代表的有理数基本数列等价类为实数 α 与 β 的和，记为 $\alpha+\beta$。由于有理数的理论假定是已知的，所以可以从有理数的性质来推出实数的性质。康托尔还证明了实数的完备性：实数数列 $\{\rho_n\}$ 极限存在的充要条件是它为一个基本数列。这表明，由实数构成的基本数列并不需要实数以外的数来充当它的极限，只要实数系统本身就足够了。

戴德金

戴德金在直线分割的启发下定义了无理数。戴德金 1831 年生于德国的不伦瑞克。他的一生有许多方面与维尔斯特拉斯类似，如两人都终生未娶，都是在大学时读了非数学专业，却对数学产生了浓厚的兴趣。在实数的理论方面，戴德金注意到把直线上的点分割成两类，使一类中的每一点位于另一类中每一点的左方，就必有一个且只有一个点产生这个分割。这一事实使得直线是连续的，对于直线来说，这是一个公理。他把这种思想运用到数系上来，从数域的连续性要求出发，用有理数分割（或称戴德金分割）来建立实数，从而完成了数轴上的一个连续无隙的数域的构造。

戴德金接着证明了实数的连续性（即完备性）：如果实数全体的集合被划分成 A_1 与 A_2 两类，使 A_1 中的每一个数小于 A_2 中所有的数，则必有一个且只有一个数 α 产生这个分割。此后，戴德金用分割的方法不仅定义了实数的算术运算，而且还建立了实数的运算律。

戴德金关于实数理论的著作《连续性和无理数》是 1872 年出版的，早于康托尔 1883 年的有关文章，且比较完善，所以数学史上称这一年是数学分析基础完成的一年。

另外，通常还把有理数定义为循环小数，把无理数定义为无限不循环小数，前者是沃利斯于 1696 年给出的，后者是斯图尔茨（1842—1905）于 1886 年给出的。

无理数的不同定义说明，无理数不像有理数那样是一个简单的符号，或一对符号，而是一个无穷集合。这恐怕是无理数难以理解的真正原因。

至此，问题仍未解决。因为无理数是以有理数为出发点构造出来的，因此，要严格定义无理数，就必须严格定义有理数。而有理数又是什么呢？大多数数学家在有理数方面的工作，都是假定整数的本质和属性是已知的，并且认为问题在于逻辑地建立负数和分数。1860 年，维尔斯特拉斯在一次演讲中，从自然数导出了有理数，他引进正有理数作为一对自然数，负整数作为另一类型的自然数，而负有理数作为一对正负整数。这样又把问题归结到自然数的严格定义上，即以自然数作为其他数系的出发点，并作为整个数学分析大厦的基石。

自然数对于人们来说是太基本、太熟悉了，对于这样一个不言而喻的对象，难道还需要什么“定义”吗？德国数学家克罗内克就曾说：“整数是上帝给的，其他一切都是人造的。”当时，即使像维尔斯特拉斯那样思想严密的数学家，也未曾考虑到要对所谓造物主给的这一堆数，给予严格的定义。然而，严密化的历史潮流并没有给自然数以“豁免权”。事实上，越是最基本的、最熟悉的对象，就越应该加以严格规定。当然，自然数定义与其他数系（如有理数或实数）的定义方法是不同的。由于自然数是数系的出发点，只能用自然数本身的性质来规定它。

19 世纪中叶，康托尔以度量一类物体的个数为背景，提出了自然数的基数理论。1888 年，戴德金在他的《数的性质与意义》中给出了一个整数的理论。但其处理方法过于复杂，以致没引起人们的多大注意。1889 年，皮亚诺在他的《算术原理新方法》中利用戴德金的已有成果，完成了自然数的公理化，提出了自然数的序数理论，通常称之为皮亚诺公理，目前被广泛采用。这样，作为分析算术化的副产品，我们也得到了代数的逻辑结构实数理论。

皮亚诺

微积分的发展正是在牛顿和莱布尼兹为代表的研究成果基础上，经过柯西、伯努利、拉格朗日、维尔斯特拉斯、戴德金等人的努力日臻完善。此后，微积分进一步发展成为包括无穷级数、微分方程、实变函数、复变函数等在内的分析学。

3.7 数论

3.7.1 初等数论

初等数论是研究数(整数)的规律,特别是整数性质的数学分支。它是数论的一个最古老的分支。初等数论就是不求助于其他数学分支的帮助,用初等的、朴素的方法去研究整数的性质和规律的学科,其主要内容包括整数的整除理论、同余理论、不定方程和连分数理论等。

人类关于数的研究之始,往往是整数的个别性质。在遥远的古代,由于对大自然的无知以及由此产生的迷信、恐惧与神秘感,便产生了神数术。人们通过对个别整数的拆分凑和来解释某一自然现象,他们往往特别喜欢某些整数,而忌讳另一些整数。如中国古代用阳数象征白、昼、热、日、火,用阴数象征黑、夜、冷、月、水,并由此产生了奇数和偶数之分。“九”在中国古代尤受宠爱,古代皇帝的大门上往往是纵横各九个星(门钉),它是至高无上的象征。巴比伦人和波斯人对六十和它的倍数也有同样的偏爱。在毕达哥拉斯学派的哲学中,对数字的崇拜表现得最突出,他将自然数区分为奇数、偶数、素数、完全数、平方数、三角数和五角数等。该学派认为在大于 1 的自然数中,偶数是可分解的,从而也是容易消失的、阴性的、属于地上的;而奇数则是不可分解的、阳性的、属于天上的。每一数目都与人的某种性质相合:“一”表示理性,因为理性是不变的;“四”表示公平,因为它是第一个阴数的平方数,是两个相等数的乘积;“五”表示婚姻,因为它是第一个阴数和第一个阳数的和。正是在这种影响下,产生了对某些整数的分类与研究。

毕达哥拉斯

因此,在人类历史上首先对整除性理论做出贡献的是古希腊。整除性理论是数论中最古老也是最重要的分支,是古典时期希腊人对数论的主要贡献。这个理论是从算术中提升出来的。早在毕达哥拉斯时代已开始萌芽，经过欧多克斯（公元前 408—前 355）等人的努力，取得许多成果。其主要研究结果集中在《几何原本》第七、八、九卷中：

（1）任一合数都能为某素数量尽。这是欧几里得给出的算术基本定理的早期形式。

（2）素数有无限多个。欧几里得用反证法进行证明。这一证明被数学家们认为是非构造性数学证明的典范。

（3）最大公因数定理，即辗转相除法或称为欧几里得算法。中国的《九章算术》方田章也独立地给出了这一算法，称为更相减损术。

（4）若一个素数能整除一些整数的乘积，那么它至少能整除其中一个因子。这是今日数论中的基本命题。

（5）若 a 可表为素数的乘积，则其分解形式是唯一的。

数学史上第一本数论典籍是尼可马修斯（约 2 世纪）的《算术入门》（约 100 年）。该书中的许多内容与《几何原本》中关于数论的部分相同，不同的是数所代表的数量不再用线段来表示，同时也提出了一些新的理论。如三角形数、五角形数、整数与整数之比等。《算术入门》记载了寻找素数的著名方法——爱拉多塞筛法，在数论中得到广泛应用。

不定方程名为方程，实属数论。它可以说是数论中最古老的分支之一。由于它所含未知数的个数多于方程的个数，致使方程无确定解。不过，当所求的解满足某种限制条件时（如整数或正整数），解也就具有相应的确定性。现代数论中讨论的都是在解受某种限制下的不定方程。

中国是最早研究不定方程的国家之一。《九章算术》方程章第 13 题为“五家共井”题。相当于解方程组：

$$\begin{cases}2x+y=u\\3y+z=u\\4z+s=u\\5s+t=u\\6t+x=u\end{cases}$$

该题涉及六个未知数，却只有五个方程，因此是一个不定方程组问题。这也是目前所知世界上最早的不定方程。

《张丘建算经》（成书于公元 4～5 世纪）卷下第 38 题是有名的百钱百鸡题：

“今有鸡翁一，值钱五；鸡母一，值钱三；鸡雏三，值钱一。凡百钱，买鸡百只。问鸡翁、母、雏各几何？”①

该书给出三组答案：鸡翁、母、雏 4、18、78，8、11、81 或 12、4、84，并解释说：“鸡翁每增

① 钱宝琮校点，算经十书[M]. 北京：中华书局，1963.

4，鸡母每减七，鸡雏每益三。”无具体求解步骤。这一问题现在的解法是：

设鸡翁、母、雏分别为 x 、y 、z ，由题意得不定方程组：

$$\begin{cases} x+y+z=100, & (3\text{-}7) \\ 5x+3y+\frac{1}{3}z=100, & (3\text{-}8) \end{cases}$$

式(3-7)×式(3-8)得：$14x+8y=200$ 或：$7x+4y=100$ ，于是有：

$$y=25-\frac{7x}{4}. \tag{3-9}$$

因为 y 为正整数，所以 x 为 4 的倍数。

设 $x=4t$ ，则 $y=25-7t$ ，$z=75+3t$。

因为 $x>0$ ，所以 $t>0$ 。

又因为 $y>0$ ，所以 $25-7t>0$ ，即 $t<3\frac{4}{7}$，

故 t 应取 1,2,3，即可得三组解。

在古希腊第一个系统研究不定方程的是丢番图。西方数学史上通常把丢番图称作不定方程的鼻祖，并且把整系数不定方程（只求其整数解）称为丢番图方程，把不定方程的理论称为丢番图分析。他的墓志铭记述了他的生平：“过路人，这里埋葬着丢番图。他的幼年占一生的 $\frac{1}{6}$；又过了$\frac{1}{12}$才长胡子；又过了 $\frac{1}{7}$ 才结婚；5 年之后才生子；子先父 4 年而卒，寿为其父之半。”由此易算得，他活了 84 岁。

丢番图与他的《算术》

丢番图最出色的著作是《算术》。该书原来有 13 卷，只有 6 卷希腊版幸存，最近又发现了另外 4 卷阿拉伯版，该书主要讲数的理论，不过大部分内容可以划入代数范围。丢番图用完全脱离了几何的形式来研究数学，这与欧几里得时代数学时尚大异其趣，在古希腊数学史上独树一帜。丢番图研究的主要是二次和三次不定方程。他曾考虑这样一

个问题:“将一个给定的平方数分为两个平方数之和。”他的做法是,取 16 作为给定的平方数,令其中的一个为 x^2,则另一个为 $16-x^2$。为使 $16-x^2$ 成为一个平方数,丢番图又设 $16-x^2=(2x-4)^2$,于是有 $x=165$($x=0$ 不合题意)。所以,所求的数为$\frac{256}{25}$和$\frac{144}{25}$。由于丢番图并不把不定方程的解限制在正整数上,因此他的解往往有无限多个。费马正是从这一问题出发,提出了著名的费马猜想。丢番图的解法虽然有很高的技巧,但是他的解法太特殊,缺乏一般性。在他的名著《算术》中,研究了许多不定方程问题,但几乎每个题目都有各自的解法。有人打趣说,研究了丢番图的 100 个问题,还不会解他的第 101 个问题。

继丢番图之后,印度数学家在不定方程(组)方面也做出了很大贡献。他们不像丢番图研究其有理数解,而是研究整数解。印度对不定方程组的研究起源于阿耶波多,他的问题极像中国的同余式组。婆罗摩笈多研究了今天称之为佩尔(1610—1685)方程 $Nx^2+1=y^2$ 的特殊形式,后来婆什迦罗又做了研究,求解十分复杂。与丢番图类似的是,印度对不定方程的解法也是较特殊的。事实上,给出不定方程的一般解并非易事,直到 17 世纪,才由数论大师费马给出了系统而又全面的解法。

阿耶波多

婆罗摩笈多

再说同余。两个整数 a、b 被另一个正整数 m 除,若有相同的余数,则称 a、b 关于模 m 同余,记为 $a\equiv b(\mathrm{mod}\ m)$。若 a、b 是整数,m 是正整数,$a\equiv 0(\mathrm{mod}\ m)$,则称 $ax\equiv b(\mathrm{mod}\ m)$ 为关于模 m 的一次同余式。易知,同余式 $ax\equiv b(\mathrm{mod}\ m)$ 与不定方程 $ax+my=b$ 是等价的。若正整数 $x=c$ 满足同余式 $ac\equiv b(\mathrm{mod}\ m)$,则称 $x\equiv c(\mathrm{mod}\ m)$ 为原同余式的解。k 个同余式就构成一个同余式组。

《孙子算经》(约公元 400 年)卷下第 26 题为:“今有物不知数,三三数之剩二,五五数之剩三，七七数之剩二，问物几何？”①

这一问题就是求解同余式组：

$$\begin{cases} x \equiv 2 \pmod 3, \\ x \equiv 3 \pmod 5, \\ x \equiv 2 \pmod 7. \end{cases}$$

孙子认为对“三三数”、“五五数”、“七七数”可分别先设辅助系数 F_1, F_2, F_3，使得：

$$5 \times 7 \times F_1 \equiv 1 \pmod 3,$$
$$3 \times 7 \times F_2 \equiv 1 \pmod 5,$$
$$5 \times 5 \times F_3 \equiv 1 \pmod 7,$$

并得到 $F_1 = 2, F_2, F_3 = 1$。针对本题余数分别为2、3、2，把 $5\times7\times2$、$3\times7\times1$、$3\times5\times1$ 分别扩大相应的余数倍后相加，所求数为

$$\begin{aligned} x &= 5 \times 7 \times 2 \times 2 + 3 \times 7 \times 1 \times 3 + 3 \times 5 \times 1 \times 2 \\ &= 70 \times 2 + 21 \times 3 + 15 \times 2 \\ &= 233 \\ &\equiv 23 \pmod{3 \times 5 \times 7}, \end{aligned}$$

即 $x \equiv 23 \pmod{105}$。

以上处理的虽是特殊问题，但为后人解决该类问题提供了线索，并易于推广到一般情况。设有同余式组（m_1, m_2, m_3 两两互素）：

$$\begin{cases} x \equiv b_1 \pmod{m_1}, \\ x \equiv b_2 \pmod{m_2}, \\ x \equiv b_3 \pmod{m_3}. \end{cases}$$

只要设辅助系数 F_1, F_2, F_3 使

$$F_1 m_2 m_3 \equiv 1 \pmod{m_1},$$
$$F_2 m_1 m_3 \equiv 1 \pmod{m_2},$$
$$F_3 m_1 m_2 \equiv 1 \pmod{m_3}.$$

那么所求数 $x \equiv (b_1 F_1 m_2 m_3 + b_2 F_2 m_1 m_3 + b_3 F_3 m_1 m_2) \pmod{m_1 m_2 m_3}$。

这样，解同余式组问题可简化为解互相独立的三个同余式问题。这一思想并可进一步推广到 n 个联立同余式组的情况。

物不知数题告诉我们，该题求解的关键在于找 3 个与 1 同余的乘积，于是人们便作诗歌以助记忆。宋人周密(1232—1298)在《志雅堂杂钞》中作隐语诗道：

三岁孩儿七十稀，五留廿一事尤奇。

① 钱宝琮校点，算经十书[M]. 北京：中华书局，1963，275.

七度上元重相会，寒食清明便可知。

诗里对有关数据不绕弯道，和盘托出。

同余式组的理论研究工作是从秦九韶开始的。在他的《数书九章》(1247)卷一和卷二论述了同余式组问题。为求得上述辅助系数 F_i 问题，秦九韶运用并改造了《九章算术》中更相减损术(即辗转相除法)，控制左列最后的余数(等数)为一。根据他发明的程序可以迅速求出所需 F_i 。因为要控制以一为等数，所以他把这种算术称为大衍求一术(简称求一术)。求一术曾在中国失传五百年，经清代学者焦循(1763—1820)、张敦仁(1754—1834)、黄宗宪(清代，生卒不详)等人的努力才被重新发现。

秦九韶雕像

解同余式组问题可归结为几个相互独立的同余式问题，它们具有形式 $ax \equiv b(\mathrm{mod}\ m)$ 。黄宗宪在1874年出版的《求一术通解》，为这一同余式明确了算法程序。他把 b 称为定母(写在右行)，a 称为衍数(写在左行)，所求辅助系数 x 称为乘率。黄宗宪认为："列定母(b)于右行，列衍数(a)于左行，辗转累减(即更相减损)至衍数余一而止，视左角上寄数为乘率。"[①]他为关键数据 x (又称为寄数)提出三条规则：

① $a > b$；

② $a = q_1 b + r_1$ ，$b = q_2 r_1 + r_2$ ，$r_1 = q_3 r_2 + r_3$ ，…，$r_{n-2} = q_n r_{n-1} + r_n$，其中 $r_n = 1$，n 为奇数；

③ $J_0 = 0, J_1 = 1, J_k = J_{k-2} + q_k J_{k-1} (k \geqslant 2)$。

则 $x = J_n = J_{n-2} + q_n J_{n-1}$。

《求一术通解》以此犀利的工具解决了从《孙子算经》一直到秦九韶提出的所有同余式组问题。这种方法至今有现实意义。

中国关于同余式理论的来源是出于治历的需要，但实际提出的同余式组模并不一定是两两互素的。那么对这种情况如何处理呢？秦九韶在《数书九章》中，用通俗的语言深入浅出地进行了解释。经过清代数学家，尤其是黄宗宪的条分缕析，解题程序进一步明确。首先，把模分别分解为素因数；其次，各模中相同的素因数只保留最高次幂，其余一律舍去；再次，各模中互异素因数全部保留。这样，就可将模不两两互素的同余式组，转化为等价的模两两互素的同余式组，按前面的方法即可求解。也就是说，对一般的一次同余式组：

① 黄宗宪. 求一术通解[M]. 1874.

$$(\text{I})\begin{cases} x \equiv a_1 (\bmod m'_1), \\ x \equiv a_2 (\bmod m'_2), \\ \quad \cdots\cdots \\ x \equiv a_n (\bmod m'_n)。\end{cases}$$

秦九韶的大衍总数术为：

①先将同余式组(Ⅰ)化为等价的模两两互素的同余式：

$$(\text{II})\begin{cases} x \equiv b_1 (\bmod m_1), \\ x \equiv b_2 (\bmod m_2), \\ \quad \cdots\cdots \\ x \equiv b_n (\bmod m_n)。\end{cases}$$

②求衍母 $m = m_1 m_2 \cdots m_k$ ；

③求衍数 $M_i = \frac{m}{m_i}(i = 1,2,\cdots,k)$ ；

④求乘率 F_i，使 $F_i M_i \equiv 1(\bmod m_i)(i = 1,2,\cdots,k)$；

⑤求用数 $F_i M_i (i = 1,2,\cdots,k)$；

⑥求各总 $x_i = b_i F_i M_i (i = 1,2,\cdots,k)$；

⑦求总数 $\sum_{i=1}^{k} x_i$；

⑧求最小正整数解 $x = \sum_{i=1}^{k} x_i - Pm$，

其中，P 是满足 $\sum_{i=1}^{k} x_i - Pm > 0$ 的最大正整数。

由此可见，从《孙子算经》到《数书九章》再到《求一术通解》，历经一千三四百年，中国一次同余式组问题才有了十分成熟的结果。其中关键的问题有三个：

(1)怎样从不两两互素模问题化为等价的两两互素模问题；

(2)怎样把同余式组化为相互独立的同余式；

(3)怎样解同余式 $ax \equiv 1(\bmod b)$ 。

秦九韶全面解决了以上三个问题，只是由于数学典籍长期失传，这一思想也一度被埋没。经过清代数学家群相研究和进一步整理，终于有了这一简洁明了的形式。

一次同余式组的提出和解法，中国在世界上长期领先。日本继承于中国。印度以及一些西方国家虽有零星的接触，但没有形成理论。直到 1801 年，高斯出版《算术研究》，重复了秦九韶的研究结果。1852 年，英国传教士伟烈亚力发表《中国科学札记》，介绍《孙子算经》物不知数题和秦九韶的解法。德国马蒂生(1830—1906)于 1874 年在《数学与自然科学教育杂志》上发表文章，指出秦九韶解法与高斯的发明是一致的。后来数学史家

M・康托尔(1829—1920)郑重介绍说:“发明这一方法的中国数学家是最幸运的天才。”以后西方数论著作就称这种同余式组的解法为“中国剩余定理”,而中国人自己则习惯称之为“孙子定理”。

3.7.2 近代数论

17—18 世纪,由于笛卡尔在研究的观点和方法上带来的革命,使得几何学走上一条崭新的道路——用代数方法研究几何问题。至于数论的研究,基本上仍然是凭借数学家的才智和技巧一个一个地解决问题。数学家们探讨和推广希腊人的贡献,彼此挑战,向对方提出新的难题,然后孜孜不倦地加以研究。正是这个学科,出现了一些看似简单,却几代人都无法解决的问题。没有哪一个学科能像数论一样有这么多的世界难题。

在近代,对数论贡献最大的是费马和欧拉。费马有一种奇怪的习惯,他的重要思想和成果都记在丢番图著作《算术》的空白处,而且他只写结论,很少写证明。他的结论全靠后来欧拉给予证明。事情好像是费马编了一本高水平的习题集,而欧拉是解题者。

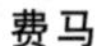

费马

欧拉

除了前面提到的亲和数、完全数的工作之外,给出素数的公式是极有趣的问题。费马认为,$F_n = 2^{2^n} + 1$, $n \in \mathbf{N}$(称为费马数)都是素数,但他承认自己不能证明这一点。后来欧拉发现 F_5 有因数 641,从而否定了费马的结论。哥德巴赫注意到没有一个多项式能够只给出素数而不给出合数。欧拉非常简便地证明了这一点:令 $f(a) = A$,则显然 $f(na + A)$ 被 A 整除。于是寻找一些简单的多项式,使其当变量在人工计算能进行的限度内取值时给出尽可能多的素数,就成了很热门的一种数学消遣。欧拉发现 $x^2 - x + 41$,当 x 取 0 到 40 的整数时,值为素数;又发现 $x^2 + x + 17$,当 x 取 0 到 15 的整数时给出素数。

费马提出了许多定理,如形如 $4n + 1$ 的素数可能且只能以一种方式表达为两个平方数之和(欧拉给出证明)。再如形如 $4n + 3$ 的素数没有一个能表达为两个平方数之和(欧拉花费几年工夫都未能证明,1798 年勒让德给出)等。最著名的是后人所称的费马小定理和费马大定理。

费马小定理为：若 p 是素数，且 a 与 p 互素，则 $a^p - a$ 能被 p 整除。欧拉第一个发表了该定理的证明，并作了推广。欧拉引进函数 $\varphi(N)$ 表示小于 N 而与 N 互素的正整数的个数，则有当 x 与 N 互素时，$x^{\varphi(N)} - 1$ 能被 N 整除。欧拉的推广不仅引入了新的概念，而且使定理的内容发生了质的飞跃。

费马大定理是记在丢番图著作页边的一个猜想：$x^n + y^n = z^n$，当 $n > 2$ 时没有正整数解。费马所有别的猜想先后都找到了证明，唯一例外的是这一猜想。费马以 $n = 3$ 的特例向他同时代的数学家挑战，当时没有人能解决。直到 1753 年，欧拉才首先证明了这个特例。费马大定理本身并没有特殊的重要性，但是为了寻找它那"得而复失"的神秘证明的漫长历史，却赋予它一种唤起激情的特殊力量。

费马重新发现了求解 $x^2 - Ay^2 = 1$ 的问题，其中 A 是整数但非平方数，他认为该方程有无穷多个解。欧拉误称它为 Pell 方程，名称流传到今天，他只给出求解的一个试验性方法，但未能证明该方程非平凡解（$y \neq 0$）的存在性。存在性的证明是由拉格朗日于 1766—1769 年给出的。嗣后，他又给出一个非试验性的理论方法，可据以得到方程 $x^2 - By^2 = A$ 的所有整数解。他通过建立一个二元二次型的一般理论，又解出了方程

$$ax^2 + 2bxy + cy^2 + 2dx + 2ey + f = 0$$

拉格朗日的工作标志着数论研究方法的一个飞跃，他的"型"的理论体现了一种新精神，使先前只满足于找到方程的特殊解，上升为一种高度抽象的理论研究。他的工作是高斯《算术研究》的前奏，为新世纪的来临指明了方向，铺平了道路。

3.7.3 现代数论

现代数论的统一理论开端于 1801 年高斯 24 岁时的《算术研究》，它确定了至今关于这一课题的研究方向。现代数论的研究广泛使用抽象代数和深刻的分析方法，由此导出的一些问题和分支与整数只有间接联系。现代数论发展到今天已有代数数论、解析数论、超越数论和几何数论等分支。

代数数论起源于高斯关于 4 次剩余的研究。所谓代数数论，就是满足有理系数多项式方程的复数根。代数数论是高斯的学生于 1871 年创立的，该理论是高斯的复整数和库默尔(1810—1893)的代数数的一般化。戴德金引进"理想"的理论，提供了代数数域的概念和性质，而克罗内克创立了另一种域论有理式域。1897 年，希尔伯特重新整理已有理论，并给出了获得这些理论的新方法，从而大大扩展了代数数论。

高斯

戴德金

狄利克雷

解析数论是用数学分析的方法解决数论问题。它开端于狄利克雷的工作。狄利克雷 1805 年生于德国的迪伦。中学时曾从师物理学家 G. 欧姆(1789—1854),学到了必要的物理基础知识。但他从小就对数学感兴趣,12 岁时就自攒零用钱购买数学图书。

中学毕业后,他就到当时的数学中心巴黎,向大数学家勒让德、拉普拉斯、傅里叶、泊松等学习数学,受到了良好的数学教育。狄利克雷以出色的数学才能,成为当时与雅可比齐名的数学家。他毕生致力于高斯的《算术研究》简化工作,1863 年发表《数论讲义》,连同黎曼 1859 年试图证明素数定理的工作,共同建立了解析数论。

之后,俄国数学家切比雪夫(1821—1894)和英国数学家哈代、李特尔伍德(1885—1977)、印裔英籍数学家拉马努金(1887—1920)等又进一步推动了它的发展。解析数论最有力的方法是 1937 年苏联数学家维诺格拉多夫(1891—1983)创造的“三角和方法”它在函数论和概率论中也起着重要作用。中国数学家华罗庚创造性地发展了这一方法,他和中国数学家王元(1930—2021)一起创立了在应用上和理论上都堪称光辉范例的“华—王法”。就目前而言,解析数论的原始方向如哥德巴赫猜想、孪生素数问题、黎曼假设等仍然进展不大,要想获得较大的突破或决定性的解决,还有待新方法的创造甚至新理论的引入。

切比雪夫

哈代

超越数论是研究超越数的理论,它是 1844 年由法国数学家刘维尔开创的,形成于 19

世纪末。什么是超越数呢？一个复数若不是代数方程的根就叫超越数。证明一个数是否为超越数这类问题的难度很大。直到1873年，法国数学家埃尔米特才证明了e是超越数。1882年，德国数学家林德曼证明了π是超越数。自1966年以来，年轻的英国数学家阿兰·贝克(1939—2018)独辟蹊径，在短短十年的时间里，他解决了数论中十几个历时已久的难题，范围涉及超越数论、代数数论和不定方程。他所著的《超越数论》被认为能与高斯的《算术研究》相媲美。近年来，对超越数的构成、分类、代数独立性的研究都成效显著。但许多问题仍未解决，如e、π的代数独立性、欧拉常数γ的超越性等。

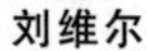

刘维尔

埃尔米特

几何数论创始人是德国数学家闵可夫斯基(1864—1909)，其研究对象是“空间格网”(坐标全是整数的点构成的组)。为了简化狄利克雷和埃尔米特所建立的丢番图逼近问题(对有理数向无理数逼近问题)的解析数论，闵可夫斯基将格和凸集等几何概念引入数论，从而产生了几何数论。因此，几何数论就是研究凸体和n维空间中整数点分布情况的学科。目前，在几何数论上已取得了许多新成果。

闵可夫斯基

总之，数论是一门高度抽象的基础学科，长期以来，它的发展处于纯理论研究状态，它对数学理论的发展起了积极的推动作用。近几十年来，随着计算机科学和应用数学的发展，数论也得到日益广泛的应用。由于任何问题必须离散化之后才能在计算机上进行数值计算，所以离散数学日益显得重要，而离散数学的基础就是数论。华罗庚和王元合著的《数论在近似分析中的应用》一书，就详尽地论述了数论在高维数值积分中的应用。随着科学的发展，数论除在纯数学中的基础性质外，已日益展现出直接应用的途径，如在编码和数字信号处理问题中，已有很重要的应用。

3.7.4 费马与费马大定理

费马

费马，1601年生于法国的博蒙—德洛马内，1665年1月12日在图卢兹去世。杰出的业余数学家。[①]

费马是一个皮鞋商的儿子，早年在他出生的小城市里接受家庭教育，后在图卢兹学习。费马对人文学有独特的赏识，对主要的欧洲语言和欧洲大陆的文学也有着广博而精湛的学识，在用拉丁文、法文、西班牙文写诗方面具有熟练的技巧和卓越的鉴赏能力。1631年5月14日在图卢兹任晋见接待官；同年6月1日结婚，他有三个儿子两个女儿。1648年任图卢兹地方议会的议员。他在这个职位上安静勤勉、正直体面，非常称职地干到去世。

费马是一个业余数学爱好者，30岁以后学习数学却成为17世纪最伟大的数学家之一。他与帕斯卡分享了概率理论开创者的荣誉；与笛卡尔共有解析几何的发明权；他完成了微积分他感兴趣的部分(牛顿从他画切线的方法中得到了微分法的提示)；他对数论做出了第一流的贡献，奠定了数论的基础。另外，他还研究了许多科学问题，对光学做出了不朽的贡献，有费马极小(时间)原理。他生前很少发表著作，去世后，人们才收集他写在书页空白处、给朋友的书信和一些陈旧手稿中的论述编辑成书。

费马的成果多是写在书页空白处的结论或猜想，极少有证明，然而这些结论或猜想又被后人证明是极少有错误的。在过去的三个世纪中，这个业余数学家之王的工作，对所有文明国家的数学业余爱好者都有着无法抗拒的吸引力。他的工作对其后数学的影响是不可估量的。他在过着平静的、一直为居家度日而努力工作的生活之后，仍能自由地把他的剩余精力奉献给他最喜欢的消遣纯数学。费马是第一流的数学家，一个无可指摘的诚实的人，一个历史上无与伦比的算术学家。

费马在古希腊数学家丢番图的名著《算术》的书面空白处写下了一段话："把一个立方数分成两个立方数之和，把一个4次方数分成两个4次方数之和或更一般地，把一个次数大于2的幂分成两个同次幂之和，是不可能的。这一事实，我已经找到了一个绝妙的证明，但这里空白太小，写不下。"[②]这段话用数学式子表示，就是x、y、z为未知数的不定方程$x^n+y^n=z^n$当整数$n>2$时，没有正整数解。这一命题，就是著名的费马大定理。

既然费马大定理的形式如此简单，费马的"证明"又未见发表，加上费马在数学上的威望，于是人们相信它是正确的，而且想当然地以为它的证明只需17世纪上半叶的数学

① 周明儒. 费马大定理的证明与启示[M]. 北京：高等教育出版社，2007.

② E. T. Bell. 大数学家[M]. 井竹君，等译. 台北：九章出版社，1998.

知识就足矣，对于业余数学爱好者产生了巨大的吸引力。1815 年和 1860 年，法兰西科学院两度以 300 法郎悬赏；1908 年德国哥廷根科学院的保罗·沃尔夫斯凯尔教授以 10 万马克再次悬赏。自此以后，几乎每天都有人声称自己“证明”了费马大定理，但是又无一例外地被审查出有这样或那样的错误。法兰西科学院不得不宣称不再考虑关于费马大定理的自称“证明”稿。哥廷根科学院的悬赏仍然有效，但悬赏价格已降为 7500 马克。该科学院以仅接受已公开发表的文章为由，打发了一大批“证明”者。但是这样做的副产品是：出现了上千种由不够严谨的出版社出版的自称是“费马大定理证明”的小册子，以及上万篇在不够严肃的刊物上发表的“证明”文章。

1840—1850 年间，德国数学家库默尔用他自己创立的理想数理论，第一次对一批（而不是一个）指数 n 证明了费马大定理。证明了对 $n=3$ 至 100，除 37、59 和 67 外，费马大定理成立。后来的数学家们不但填补了这几个空白，并将使费马大定理成立的 n 推到 150000。[①]

1929 年，美国数学家范狄维尔（1881—1975）用新的方法证明了，当 n 是素数且小于 211 时，命题成立。1993 年，已经证明了对于小于 400 万的素数，费马大定理都成立。虽然看起来这个数字已经很大了，但是相当于 n 是所有大于 2 的整数来说，还是太小了。这条路似乎走不通，必须开辟新的道路。

从 20 世纪 80 年代开始，一条新的证明思路开始实施。1983 年，联邦德国数学家法尔廷斯（1954—）证明了代数几何领域中的“莫德尔猜想”，这个猜想的一个直接推论是：对任何固定的正整数 $n(n>3)$，$x^n+y^n=z^n$ 至多只有有限多组互素的正整数解。他也因此获得了 1986 年的菲尔兹奖。

1987 年，美国加州大学伯克利分校的肯尼思·里贝特证明了费马大定理是“韦伊—谷山猜想”的一个推论。这个猜想是 1954 年日本的谷山丰（1927—1958）提出的，它是说在有理数域上，任何椭圆曲线都可以用椭圆模函数参数化。20 世纪 80 年代中期，德国萨尔大学的弗雷（Gerhard Frey）提出：谷山猜想与费马大定理之间有着奇妙的联系。[②]

1993 年 6 月 23 日，年仅 40 岁的英国数学家安德鲁·怀尔斯沿着上述“思想链”，证明了谷山丰提出的这一猜想在一般性情况下是“正确”的。1994 年 9 月又进行了修改补充。由此推出：费马大定理成立！至此，三个半世纪悬而未解的费马大定理的证明方告终结。

---

① 淑生.费马大定理被宣称证明[J].自然杂志，1993(Z1)：4-5.

② 周明儒.费马大定理的证明与启示[M].北京：高等教育出版社，2007.

安德鲁·怀尔斯

3.7.5 高斯与《算术研究》

高斯，1777 年 4 月 30 日生于德国不伦瑞克；1855 年 2 月 23 日去世。被誉为数学之王。[①]

高斯

在整个数学史上，没有什么人可与高斯孩童时期的早熟相比拟。看来难以置信，高斯 3 岁就显示出了他的天才。3 岁时的一天，父亲正在计算他管辖的工人一周的工钱，他不知道年幼的儿子正非常专心地跟着他计算。当父亲快要结束他长长的计算时，吃惊地听到这孩子尖声地说："爸爸，算错了，应是……"核对账单的结果表明，高斯是对的。

7 岁时，高斯开始入学了。10 岁时上一门新课算术，老师比特纳出了一道类似 $1+2+3+\cdots+100$ 的算题。高斯很快就做出了，而别的孩子还在苦苦地计算。结果只有高斯是正确的，其他同学都是错误的。没有人教过高斯怎样快速地做这样的题目的诀窍。比特纳甚感惊讶，自己花钱买了能够买到的最好的算术课本送给高斯。这孩子很快就读完

---

① E. T. Bell. 大数学家[M]. 井竹君，等译. 台北：九章出版社，1998.

了它。比特纳说:“他超过了我,我没有办法教给他更多的东西了。”

14 岁时,不伦瑞克的斐迪南公爵接见了高斯,答应为高斯继续接受教育提供经济保证。15 岁时,高斯进卡罗林学院。这期间他掌握了欧拉、拉格朗日的较为重要的数学思想,更重要的是牛顿的《原理》;同时,他还开始了对算术的研究,并第一个证明了二次互反定律。18 岁时,他离开了卡罗林学院,进了哥廷根大学。当时,他对数学、语言和哲学都很感兴趣,还没有决定以何者作为毕生的事业。1796 年 3 月 30 日,高斯近 20 岁,他明确决定从事数学。这是他一生的转折点,因为这天他解决了历史上极为难解决的正十七边形尺规作图问题。同一天,他开始记他的科学日记,成为数学史上最宝贵的文献。在哥廷根大学的三年是高斯一生中著述最多的时期。这期间他完成了关于数论的伟大著作《算术研究》,并于 1801 年出版。

1799 年,高斯完成了他的博士论文,给出了代数基本定理的第一个证明,其中就包含有复数的几何解释。

1806 年,斐迪南公爵去世了,高斯必须寻找一个可靠的生计来养活一家人。经过努力,高斯被任命为哥廷根天文台台长,并享有给大学生讲授数学的权利。这就为他不受干扰地进行研究创造了较好的条件。

高斯对自己的研究成果十分认真,他宁肯三番五次地琢磨修饰一篇著作,而不愿发表他很容易就能写出来的著作的概要。他的印章上面刻着座右铭:“少些,但是要成熟。”高斯对数学、物理和天文都做出了重大贡献,他的兴趣还涉及哲学、语言和政治。高斯在许多领域都有优先发明权,可他很少争取。

一个人怎么可能完成这样大量的高水平的工作呢?高斯以他特有的谦虚宣称:“如果其他人也像我这样思考数学真理,也像我这样深入,这样持久,那么,他们也能做出我所做出的这些发现。”

高斯年轻的时候会突然被数学问题“抓住”,当他和朋友谈话时,会突然沉默下来,沉浸在他无法控制的思考之中,过后他把他的全部力量用于解决一个困难问题,直到成功为止。紧张而持久地集中精力的能力,是他成功的秘密的一部分。高斯知道自己的一些著作使他付出了多么巨大的努力,因此他由衷地赞赏牛顿花在他最伟大的工作上的长期准备和不间断的思考。

高斯的最后几年充满了荣誉,但是他并没有得到他有权享受的幸福。在他去世前几个月,他那致命的疾病显露出最初的症状时,高斯仍然像他过去那样思维敏捷活跃,有着丰富的创造力,他并不急于休息。

1855 年初,他开始因为心脏扩张和气短感到非常痛苦,水肿病的症状出现了。然而他一有可能就工作。他几乎一直到最后都是完全清醒的,经过一番要活下去的努力挣扎以后,1855 年 2 月 23 日凌晨,他安详地去世,享年 78 岁。

他死了，然而他却活在数学的每一个角落。

《算术研究》共七节：第一节引进了同余的符号，并在此后系统地应用了它；第二节研究一次同余式理论，给出了拉格朗日建立的多项式同余式理论基本定理的证明；第三节给出幂的同余式，用同余式理论证明了费马小定理；第四节研究二次剩余，给出了二次互反律的第一个严格证明，讨论了多项式的同余式；第五节着重于型的理论系统化并扩展了型的理论，还研究了型的复合及三元二次型的处理；第六节讨论了上述内容的各种应用；第七节讨论了分圆方程 $x^p - 1 = 0$（p 是素数）。

《算术研究》开创了数论研究的新纪元。他不仅将符号标准化、系统化，并推广了现存的定理，而且把要研究和解决的问题的方法加以分类，进而引进了新的方法。该书不仅是现代数论研究的开端，而且决定了直到目前为止这一课题研究的方向。

《算术研究》作为数学史上的伟大经典名著，被译成法文（1807）、德文（1889）、俄文（1959）及英文（1966）等多国文字，至今仍具现实意义。

3.7.6 中国数论与数学的代表华罗庚

华罗庚[①]，1910 年 11 月 12 日生于江苏省金坛县；1985 年 6 月 12 日在日本东京逝世。中国现代数学的开拓者。

华罗庚

华罗庚的父亲叫华瑞栋，人称华老祥，从 13 岁开始做学徒，精明能干。后来，筹资开了一个小店，赚钱后，又开了一个中等规模的新店。不幸新店毁于火灾，只剩下小店“乾生泰”。该小店是代销店，冬天卖棉花，夏天卖丝，从中拿点佣金，生活还是很清苦的。

---

① 王元. 华罗庚[M]. 北京：开明出版社，1994.

华老祥在新店遭火灾后，变得十分迷信。他40岁时，有了一个儿子。在这以前他已有一个女儿。儿子出世时，华老祥正背着一个箩筐回家，老来得子十分高兴，于是将箩筐一放说："放进箩筐避邪，同庚百岁，就叫罗庚吧。"

华罗庚，小学是在金坛启明小学度过的。他小时非常贪玩，人们叫他"罗呆子"。华罗庚在金坛初中读书时，开始成绩不好，到初二开始好转，后来，以全班第二名毕业。

由于家境贫寒，父亲无力让华罗庚继续升高中。经过努力，华罗庚考取了由黄炎培等主办的上海中华职业学校商科。但又因拿不出50元学费，不得不放弃还差一学期就毕业的机会，辍学回金坛帮助父亲经营"乾生泰"小店。

第一个赏识华罗庚数学才能的是王维克。王维克是留法学物理的一位青年，回金坛后执教于金坛中学。他借书给华罗庚看，其中有一本大代数，一本解析几何，一本50页的微积分。华罗庚边站柜台，边用零散时间学习数学。

1928年，华罗庚在金坛中学任文书，不幸染上了伤寒，病愈后，由于卧床六个月未曾翻身，他的左腿致残。在病痛、残疾和贫困面前，华罗庚没有失望，反而更加迷恋数学。他四处寻找数学书自学，他贪婪地把它们读得烂透，并尝试写些论文，投寄到《科学》《学艺》等刊物发表。1929至1930年，他在《科学》上相继发表了两篇文章。

自学之路终于通向成功。华罗庚的论文引起当时清华大学数学系主任熊庆来(1893—1969)的注意，并把他请到清华大学，给他一个数学系图书管理员的工作。在清华大学，华罗庚如鱼得水，拼命学习数学，不到一年光景，他旁听了数学系全部课程，打下了现代数学的坚实基础。于是，华罗庚被清华大学破例聘为教员。一个乡间来的毛头小伙子，居然在中国的最高学府站稳了脚跟，这是一个奇迹。

在这以后，华罗庚把论文寄到西方国家的刊物，其中许多被退回。原因是他重复了许多大数学家已发表的成果。华罗庚很扫兴，但又感到：我能发现大数学家已发现的，当然也能发现他们没有发现的。

20世纪30年代中期，华罗庚在杨武之(1896—1973)等教授的关心下，研究数论，他阅读了当时国际上数论权威的著作。1934年，他接受并改进了苏联学者维诺格拉多夫的方法，在研究华林问题上取得了优于英国数学家哈代和李特伍德的成果，甚至在某些局部处理上还优于维诺格拉多夫本人。

1936年，26岁的华罗庚由中华文化教育基金会资助去剑桥大学专攻解析数论。刚到剑桥时，哈代正好外出访问，留下便条说："华在两年内可望得到学位。"对此，华罗庚回答说："我是来学习的，不是来拿学位的。"华罗庚从未到任何地方登记申请学位，直到1979年，才在法国的南锡大学第一次接受荣誉博士学位。

1937年抗日战争爆发后，华罗庚回到祖国，在昆明的西南联合大学任教。当时，与外界的学术联系中断，得不到必要的数学期刊，然而华罗庚仍然完成了20篇高质量论文，还完成了数论专著《堆垒素数论》，但他的主要兴趣已从数论转移到群论、矩阵几何学、自守函数论与多复变函数论。

华罗庚又与其他数学家一起倡导并主持了各种讨论班，为祖国培养了一大批年轻的数学人才，其中不少日后成为名家。在老教授杨武之的支持之下，华罗庚从助教，越过讲师、副教授，直升为教授。

1946 年 7 月，华罗庚去美国普林斯顿高级研究所，随即被聘为伊利诺斯大学教授。当年底，他作了腿部手术，基本上可以正常走路了。在美期间，华罗庚在数论、代数与复分析方面继续做出了大量卓越的工作。

中华人民共和国刚成立，华罗庚就率全家于 1950 年 2 月回国，执教于清华大学数学系，将全部精力投身于祖国数学事业。他重建数学会，筹建中国科学院数学研究所，分别担任了理事长和所长，把工作重点转到培养青年数学家与发展中国数学事业上来。1952 年，毛泽东会见华罗庚，在党的关怀下，数学所的筹建工作进展神速，生气勃勃。建所之初，便成立了数论组，华罗庚撰写了《数论导引》，培养青年人。以后又成立代数组，撰写《典型群》（与万哲先合作）和《多复变数函数论典型域上的调和分析》，带领青年人开创了新的研究领域。与此同时，他积极支持拓扑学、微分方程、概率统计、泛函分析与数理逻辑研究室的成立。华罗庚十分重视培养学生，他广泛网罗人才，在撰写专著的过程中，总是组织讨论班，对他所写的材料加以讲述、讨论与修改，使学生在实践中学会做研究，提高独立工作能力。陈景润就是华罗庚提拔到数学所来的。华罗庚还注意到数学知识的普及工作，在报纸上发表了不少介绍治学经验与体会的文章。从 1956 年开始，华罗庚倡导高中学生的数学竞赛活动，为此他为中学生写过五本通俗小册子。从 1950 至 1957 年，始终保持对苏联与西方先进数学的学习，不断致力于争取华裔数学家回国工作。

“文化大革命”结束后，华罗庚相继完成了专著《从单位圆谈起》（1977）、《数论在近似分析中的应用》（与王元合作，1978）、《优选法》（1981）、《华罗庚文集选》（1983）。华罗庚的国际盛誉，使他不断长时间出国讲学。1978 年，他被任命为中国科学院副院长。1980 年，他又担任了应用数学所所长，直到 1983 年。

1985 年 6 月 12 日，华罗庚在日本东京大学作完演讲，由于心脏病突然发作而去世，真正在科学的讲坛上光荣地奋斗到生命的最后一刻。

华罗庚常说他的一生中曾遭三次大劫难。首先是在他童年时，家贫，失学，患重病，腿部残疾。第二次劫难是抗日战争期间，孤陋闭塞，图书资料缺乏。第三次劫难是“十年浩劫”，家被查抄，手稿散失，禁止他去图书馆，将他的助手与学生分配到外地等。面对这种种劫难，华罗庚硬是靠自学，做出了卓越的成就，其毅力可想而知。华罗庚常说：“天才在于积累，聪明在于勤奋。”华罗庚从不隐瞒自己的缺点，只要求得学问，他宁肯暴露弱点。在古稀之年去英国访问时，他把成语“不要班门弄斧”改成“弄斧必到班门”来鼓励自己。人老了，精力衰退，这是自然规律，华罗庚却坚决要同衰老抗争，他指出“树老易空，人老易松，科学之道，戒之以空，戒之以松，我愿一辈子从实以终。”医生劝他好好休息，他说：“我的哲学不是生命尽量延长，而是尽量多做工作。”

华罗庚从小就爱国爱民，胸怀大志，他以自己的实际行动谱写了作为一个爱国者、一个数学家光辉的一生。他不仅赢得了中国人民的尊重，而且在国际上享有盛誉。美国著名数学家伯斯说：“华罗庚绝对是第一流的数学家。他是极有天赋的人。”

脱颖而出，饮誉海内外，培养青年，造福祖国，这就是这位传奇式数学家走过的道路。

3.7.7 陈景润与哥德巴赫猜想

陈景润[①]，1933年生于福州市郊区，1996年3月19日卒于北京医院。数学家。

陈景润

陈景润的父亲是一个邮政局职员，家境不好，勉强读到高中。1950年，高中未毕业便以同等学力考入厦门大学数学系。1953年秋，因成绩优异提前毕业，分配到北京当中学数学教师。他一面教学，一面进行科学研究。1954年，厦门大学校长王亚南到北京，偶然得悉陈景润的情况，就把他调回母校，安排到图书馆当管理员（实则是让他专心研究数学）。他抓住这个宝贵的时机，精心钻研华罗庚的著作，成为华罗庚名著的第一批忠实读者。很快，陈景润写出了一篇关于华林问题的论文，并寄给在中科院数学研究所的华罗庚。华罗庚认为陈景润很有培养前途，于是再次把陈景润调到北京（1957），在中科院数学所工作。此时，他已经写出许多篇专业论文，在数学上已崭露头角，又得到名家的指点，真是如虎添翼。

陈景润的主要成果集中在解决哥德巴赫猜想上。早在1742年，德国数学家哥德巴赫在和欧拉的几次通信中，提出了关于正整数和素数之间关系的两个推测，用现在数学语言来说，就是：

(A)每一个不小于6的偶数都是两个奇素数之和；

(B)每一个不小于9的奇数都是三个奇素数之和。

这就是著名的哥德巴赫猜想。由于 $2n+1=2(n-1)+3$ 所以，从猜想(A)的正确性即推出猜想(B)的正确性。1742年6月30日，欧拉在给哥德巴赫的信中写道：我认为这是一个肯定的定理，尽管我还不能证明出来。

自此以后的160多年中，许多数学家对这一问题进行了不懈研究，但只是进行了数

① 林承谟. 陈景润的故事[M]. 武汉：华中科技大学出版社，2013.

值的验证或提出一些简单的关系和一些新的推测,并没有得到任何实质性的结果或提出有效的研究方法。

就在一些数学家作出悲观预言和感到无能为力的时候,这一猜想的研究取得了重大突破。1920年前后,英国的哈代、李特伍德和印度的拉马努金提出了"圆法"(主要研究(B));1920年前后,挪威数学家布郎(1885—1978)提出了"筛法",证明了每一个大偶数都是9个素因子之积加9个素因子之积,简记为"9+9";1930年前后,苏联数学家维诺格拉多夫又提出了"密率"。在不到五十年的时间里,沿着这几个方向对哥德巴赫猜想的研究取得了十分惊人的成果,同时也有力地推动了数论和其他一些数学分支的发展。1956年,维诺格拉多夫证得"3+3"。1958年,王元进一步证得"2+3"。另一派是匈牙利的阿尔弗雷德·伦伊证明了"$1+x$"。1962年,潘承洞(1934—1997)证明了"1+5"。同年,王元、潘承洞又证得"1+4"。三年后,维诺格拉多夫和邦别里(1940—)分别独立地证明了"1+3"。邦别里的公式在数论中有很大作用,他以此为主要工作之一获得了国际数学最高奖菲尔兹奖。

陈景润继承了前辈的成果,吸取了前人的智慧,用他坚韧不拔的毅力,顽强地向哥德巴赫猜想挺进。1966年5月,陈景润在《科学通报》上发表了他已证明的"1+2"成果。前辈著名数学家闵嗣鹤(1913—1973)教授审阅了他200多页的论文原稿,确认证明无误,但建议他简化。以后七易寒暑,写成了著名论文《大偶数表为一个素数及不超过两个素数积之和》。这一成就为世界所公认。国外数学家称之为"陈氏定理",认为是"筛法的光辉顶点。"

1979年初,陈景润和著名拓扑学家吴文俊应美国普林斯顿高级研究所所长伍尔夫教授的邀请,到美国普林斯顿国际著名学术中心去讲学和作短期研究工作。在那里,他和各国著名学者共同探讨数论方面的问题,增进了中外学者的相互了解。他还充分利用研究所的有利条件,完成了论文《算术级数中的最小素数》,把最小素数从原有80推进到16,这是当时世界上最新的成果。

陈景润为祖国增添了荣誉,为推动学术繁荣做出了极大的贡献。1978年他出席了第一届全国科学大会。曾先后当选为第四届、第五届人大代表,并为第四届、第五届人大会议的主席团成员。1981年当选为中国科学院学部委员(院士)。在成绩和荣誉面前,陈景润总是很谦虚,他认为他只不过是攀上了科学上的一座小山包,今后还要继续奋战,勇攀科学高峰,为人民争取更大的荣誉,不断地把"1+2"向前推进。1980年4月,陈景润参加华罗庚在英国伯明翰举行的宴会,当华罗庚向客人们介绍陈景润时,陈景润说:"华教授是培养我成长的大师。"陈景润对闵嗣鹤的具体指点更是感激不尽,闵教授去世后,陈景润每年都要去闵师母处请安问候。

虽然在事业上已取得了很大成就,陈景润还是忘我地工作,没有注意自己的身体。

1984 年他不幸患了帕金森综合症，而且每况愈下。即使这时，他还是坚持工作，并取得了一些新成果。党和人民十分关心陈景润的工作、生活和身体。邓小平同志曾亲自过问帮助督促解决了陈景润的住房和夫妻分居两地的问题，而且直接与主管部门联系为陈景润配备了一名秘书。中科院为弥补数学所经费不足，专门划拨了专款用于陈景润的医疗、护理、会诊等。

1994 年前后，陈景润住进了北京中关村医院。1996 年 1 月 27 日转入北京医院。北京医院组织了第一流的专家，使用了最好的医疗器材和医药为他会诊和治疗。可病魔无情，3 月 19 日著名数学家陈景润永远闭上了双眼。

3.8 概率论与统计学

3.8.1 "概率"一词的由来

概率是对随机事件发生的可能性的度量，指一种不确定的情况出现可能性的大小。"概率"一词来源于拉丁语 probabilitas，英文为 probability。1880 年，清末数学家华蘅芳与英国人傅兰雅合作，将西方的英文概率论著作翻译成中文，译为《决疑数学》(10 卷)，这是翻译到中国的第一本概率论著作，翻译的蓝本是伽罗威(1796—1851)概率论专著 *A Treatise on Probability* 和《大英百科全书》第 7 版之《Probability》。当时，华蘅芳将"probability"译为"决疑"。后来有人又将"probability"译为"或然率"。20 世纪 30 年代，我国的书籍如《数学词典》，又译为"几率"或"概率"。到 1974 年，《英汉数学词典》直接译为"概率"，从此定名。

华蘅芳

傅兰雅

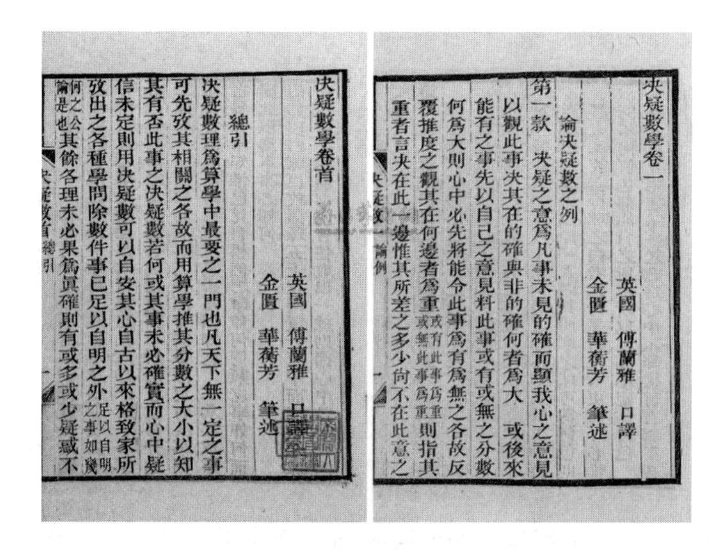
决疑數學卷首
英國 傅蘭雅 口譯
金匱 華蘅芳 筆述
總引
决疑數理爲算學中最要之一門也凡天下無一定之事
可先攷其相關之各故而用算學推其分數之大小以知
其有否此事之决疑數若何或其事未必確實而心中疑
信未定則用决疑數可以自妥其心自古以來格致家所
攷出之各種學問除數件事已足以自明之外足以自明之事如幾
何之公論是也其餘各理未必果爲眞確則有或多或少疑惑不

决疑數學卷一
英國 傅蘭雅 口譯
金匱 華蘅芳 筆述
論决疑數之例
第一款 决疑之意爲凡事未見的確而顯我心之意見
以觀此事决其在的確與非的確何者爲大 或後來
能有之事先以自己之意見料此事或有或無之分數
何爲大則心中必先將能令此事爲有爲無之各故反
覆推度之觀其在何邊者爲重或有此事爲重或無此事爲重則指其
重者言决在此一邊惟其所差之多少尙不在此意之

《决疑数学》

3.8.2 概率论的起源

概率论是研究大量同类随机现象统计规律、探究事情发生的可能性的学问。概率论作为数学的一个分支,其内容包括随机事件的概率、统计独立性和条件概率、随机变量、概率分布、正态分布和方差等,它具有广泛的应用性,但它的“出身”却并不光彩,因为它源于赌博问题。

因为骰子是平行六面体,当它被掷到桌面上时,出现 1 点至 6 点中任何一个点数的可能性是相等的。在 16 世纪的欧洲,有人就想:如果同时掷两颗骰子,则点数之和为 9 的情况与出现点数之和为 10 的情况,哪种出现性较大呢?于是,这就提出了概率问题。

至 17 世纪中叶,法国人德·梅尔发现了一个有趣的事实:将一枚骰子连掷四次至少出现一个六点的机会比较多;而同时将两枚骰子掷 24 次,至少出现一次双六点的机会却很少。这一问题被后人称为著名的德·梅尔问题。当时只是提出了问题,但没有人知道为什么,无法解释其原因。

“分赌注问题”是引起人们对概率问题做深层次思考的典型问题:两个赌博,约定谁先赢得 6 局便算赢家。如果在一个人赢 3 局,另一人赢 4 局时因故终止赌博,应如何分赌本。

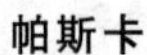
帕斯卡

邮票上的惠更斯

法国数学家帕斯卡和费马各自用不同的方法解决了这一问题，并将此题数学化和理论化，推广到更一般的情况，建立了数学期望这个基本概念。

就在帕斯卡和费马研究赌博问题的同时，荷兰数学家惠更斯来到巴黎，并获悉了该问题，经过潜心研究，解决了其中的一些数学问题。1657 年，他出版专著《论掷骰子游戏中的计算》，这是概率论中最早的论著，第一次明确定义了“数学期望”，以此为基础解决了以前提出的问题，并提出和解决了一些新问题。

还有一个问题叫圣彼得堡游戏，也激发了人们对概率问题的深入思考：设定掷出正面或者反面为成功，游戏者如果第一次投掷成功，得奖金 2 元，游戏结束；第一次若不成功，继续投掷，第二次成功得奖金 4 元，游戏结束；这样，游戏者如果投掷不成功就反复继续投掷，直到成功，游戏结束。如果第 n 次投掷成功，得奖金 2^n 元，游戏结束。问在赌博开始前甲应付给乙方多少卢布才有权参加赌博而不致乙方亏损？[①]

1738 年，尼古拉·伯努利(1687—1759)提出了一个概率期望悖论，即圣彼得堡悖论，给出了一些不同的解法，所付的款数(数学期望)竟为无限大，即不管甲事先拿出多少钱给乙，只要赌博不断地进行，乙肯定是要赔钱的。

18—19 世纪，人们注意到了某些生物、物理和社会现象与机会游戏的相似性，通过对这些问题和现象的研究，极大地推动了概率论本身的发展。

此后，瑞士的伯努利家族对概率论这一学科做出巨大贡献。这是一个很有趣的家族，三代人出了 11 个数学家，家庭聚会的主题是讨论数学。而真正使概率论成为数学的一个分支的奠基人是雅可比·伯努利(1654—1705)，他给出了“赌徒输光问题”的详尽解法，花了 20 年的时间，最终证明了大数定律。1713 年，在雅可比去世 8 年后，出版了他的著作《猜度术》。这可以说是概率论的第一本专著，他用无穷级数解决了某些赌博中的概率问题；他发现掷 n 个骰子，使点数之和为 m 的所有可能情况的总和为 $(x_1 + x_2 + \cdots +$

① 朱琳，叶向.圣彼得堡悖论的计算机模拟分析[J].计算机软件及计算机应用，2009，18(11)：38-40.

$x_n)^n$ 展开式中 x^m 的系数；他首创差分方程法，彻底解决了“直线上的随机游动问题”。今天，我们把大数定律称为伯努利大数定律，这是他为概率论建立的第一个极限定理，该定理阐明了事件的频率稳定于它的概率。随后棣莫弗和拉普拉斯又导出了第二个基本极限定理(中心极限定理)的原始形式。

雅可比·伯努利

拉普拉斯

1812 年，拉普拉斯发表了《分析的概率理论》(其成果都是 18 世纪的)，这是一部集大成之作，又是开创未来之作。他首先明确表述了概率的基本定义和定理，证明了棣莫弗—拉普拉斯定理，建立了观测误差理论和最小二乘法，在概率论中广泛应用无穷小分析的工具，开辟了现代概率论的先河。

19 世纪概率论还不能成为一个独立的数学分支，但其研究工作不断深入。奥地利物理学家玻尔兹曼(1844—1906)研究了布朗运动，吉布斯研究了统计力学，俄国数学家切比雪夫(1821—1894)、马尔可夫、李亚普诺夫(1857—1918)等人借助分析的手段建立了大数定律及中心极限定理，科学地解释了为什么实际中遇到的许多随机变量近似服从正态分布。

切比雪夫

马尔可夫

李亚普诺夫

20 世纪初受物理学的推动，人们开始研究随机过程。1906 年，俄国数学家马尔可夫提出了数学模型：马尔可夫链。1934 年，苏联数学家辛钦(1894—1959)又提出一种在时间中均匀进行着的平稳过程理论。这方面苏联数学家柯尔莫哥洛夫、美国数学家诺伯特

·维纳(1894—1964)、法国数学家莱维(1886—1971)及费勒(1907—1970)等人也做了杰出的贡献。在上述数学家的带领和启发下,概率论迅速发展,新的成果不断涌现。

辛钦　　柯尔莫哥洛夫　　诺伯特·维纳

莱维　　费勒　　勒贝格

那么,如何把概率论建立在严格的逻辑基础呢?在概率论创立的初期,人们还无法完成这一任务。到了20世纪初,勒贝格(1875—1941)测度与积分理论及抽象测度和积分理论相继完成,柯尔莫哥洛夫提出了公理化的处理方法,这就为概率公理体系的建立奠定了基础。以测度论和积分论为工具,每一个随机变量被看成是一个测度空间上的可测函数,随机事件的概率就是一个可测集的测度。运用函数空间的理论——泛函分析,柯尔莫哥洛夫出版《概率论基础》(1933),书中将概率论公理化,首次给出了概率的定义和严密的公理体系,使概率论成为严谨的数学分支。

3.8.3 "统计学"一词的由来

统计学是通过搜索、整理、分析、描述数据等手段,以达到推断所测对象的本质,甚至预测对象未来的一门综合性科学。[①] 统计学主要利用概率论建立数学模型,收集所观察系统的数据,进行量化分析、总结,做出推断和预测。

① 王云峰.统计学原理[M].上海:复旦大学出版社,2013.

"统计"一词源于拉丁文 statisticum collegium(国会)、意大利文 statista(国民或政治家)。18 世纪,德国西尔姆斯特大学的康令(H. Conring)教授开设了一门课程"statenkunele",即国势学。本意是对各国状况的比较,讲授政治活动家应具备的知识。1749 年,哥廷根大学的阿亨瓦尔(1719—1772)著《近代欧洲各国国势学纲要》,为了区别于康令的国势学,而首创了一个德文词汇"statistik"(即统计学,由"国家"State 派生而成),词义为由国家来收集、处理和使用数据。1770 年,冯·比尔夫德(J. von Bielfeld)在他所著的《博学要素》一书中又提到了"统计学"一词,并给统计学的解释是"一门科学,教给我们已知世界中一切现代国家的政治计划。"经过学术传播,"统计学"一词也由德国传至英国。1787 年,英国博士齐默尔曼(E. A. W. Zimmerman)在《欧洲现状的政治调查》中,根据语音把 Statistik 译成英文 statistics。1797 年,《不列颠百科全书》(第三版)明确:统计学"statistics"是最近才开始使用的一个词,表示任何王国、郡县或者的调查或普查。1798 年,英国辛克莱 (1754—1835) 爵士在其主编的《苏格兰统计要览》中,使用了 statistics 一词,并指出:我使用这个词的意义是,对一个国家的情况进行的调查,以求掌握该国家居民所享幸福的程度,并明确进一步改善生活的措施。辛克莱爵士在 1790 年呼吁人们广泛使用这个词,还希望它能成为大众用语。正是由于齐默尔曼的引进和辛克莱作品的发行,statistics 一词逐渐为英国学者所接受,随着时间的推移,其他语种的欧洲国家都接受了"statistics"这个词。19 世纪初,"statistics"传到日本,日本学者译成汉字"统计学",后来被中国人采用。

3.8.4 统计学的发展

统计学起源于数据的收集活动。中世纪欧洲流行黑死病。自 1604 年起,伦敦教会每周发表一次死亡公报,记录该周内死亡的人的姓名、年龄、性别和死因。经过几十年的积累,已经有很多资料。1662 年,葛朗特(1620—1674)通过对这些资料的整理和利用,发表了著作《关于死亡公报的自然和政治观察》,标志着统计学这门学科的诞生。

政治经济学家威廉·配第(1623—1687)把葛朗特的方法,应用到社会经济问题的研究中,运用统计和数学方法来分析经济现象,1872 年完成《政治算术》一书,并于 1690 年出版。《政治算术》首次试图运用数字资料去计算货币价值,并从其结果中得出制定经济政策的结论。因此,配第是统计学的创始人。

配第《政治算术》中译本

统计学一个十分重要的数学化发展方向是数理统计学。它以概率论的理论为基础，通过大量的观测试验，来获取样本、提取信息，进而对随机现象的统计规律做出推断。随着概率论的发展和深化，数理统计学的基础越来越牢固，这门学科也就发展得越来越好。

18 世纪中末叶，数理统计学逐步从政治算术学派的统计学中分化出来，经历了描述统计和推断统计阶段，并逐渐形成了参数估计、假设检验、多元统计、大样本统计、非参数统计、统计决策、贝叶斯统计、实验设计、线性模型、序贯分析、质量控制、稳健统计等众多分支。至 19 世纪，比利时天文学家兼统计学家凯特勒(1796—1874)的工作，促成了数理统计学的现代化。

凯特勒

在 1828 年之前，凯特勒就熟悉概率论的相关理论，并著有《概率计算入门》一书。从 1831 年开始，他经过分析关于人体生理测量的数据，得出结论：这些生理特征呈现正态分布。凯特勒进一步研究了社会道德中的大量统计资料，发现了著名的“平均人”思想。凯特勒把统计学与概率论结合起来，首次在社会科学的范畴内提出了他的大数律思想，并把统计学的理论建立在大数律的基础上。他论证了概率论方法对于统计价值测定的必要性，并把概率统计方法看作是应用于任何事物数量研究的最一般的思想方法。正因如此，凯特勒被称为“近代统计学之父”。

天文和测地学中的误差分析问题也极大地促进了数理统计学的发展，影响最深远的研究成果有两个[①]：一是 1805 年法国数学家兼天文家勒让德在研究彗星轨道计算时发明的“最小二乘法”；另一个是 1809 年德国数学家高斯在研究行星绕日运动时提出的正态分布，它反映了天下形形色色的事物中，两头小、中间大的事实，在数理统计学中占有极重要的地位，显示了无序中的有序。

① S. M . Stigler. The history of statistics[M]. Cambridge: Harvard University, 1980.

勒让德

高斯

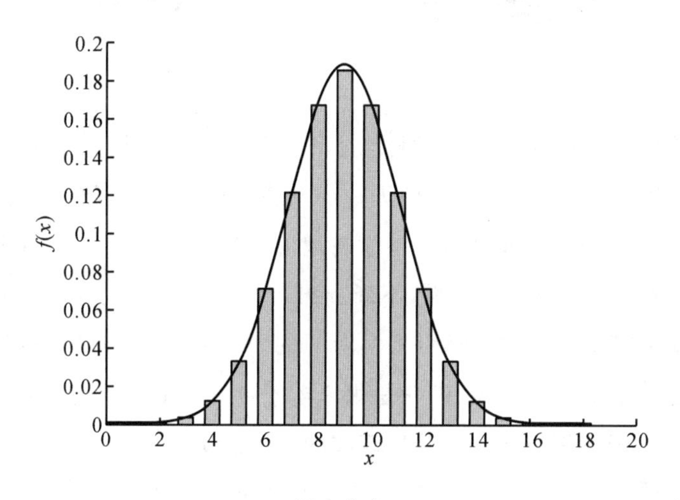

正态分布

20 世纪以前数理统计学发展的一个重要成果，是 19 世纪后期由英国统计学家高尔顿（1822—1911）发起，由 K. 皮尔逊（1857—1936）和其他一些英国学者进一步推广和发展的统计相关与回归理论。

K · 皮尔逊

统计相关是指当两个因素之间存在联系的时候，一个典型的表现是：一个变量会随着另一个变量变化。相关又分成正相关和负相关两种情况，例如受教育年限与收入的关系，经济发展水平与人口增长速度的关系等。统计相关的理论把这种关系的程度加以量化。而统计回归则指的是确定两种或两种以上变量间相互依赖的定量关系的一种统计分析方法。它提供了一种通过实际观察去对变量间关系进行定量研究的工具。

到 20 世纪初，数理统计学已积累了很丰富的成果，如抽样调查的理论和方法方面的进展，但尚缺乏一个统一的理论框架。到 20 世纪上半叶数理统计学的理论框架得以完成，起主要作用的是英国的 K. 皮尔逊、发展统计假设检验理论的奈曼（1894—1981）与E. 皮尔逊（1895—1980）和提出统计决策函数理论的瓦尔德（1902—1950）等。

奈曼

瓦尔德

第二次世界大战以来，数理统计学得到了迅猛的发展。一是由于建立了数理统计学的大理论框架以及概率论和数学工具的进一步发展与促进，为数理统计学向纵深的发展打下了基础和提供了手段，使得数理统计学在理论上进一步完善、应用上进一步深入；二是由于科技的发展和实际应用的急需，不断提出新的复杂问题与模型，迫使该学科不断发展，不断解决新的问题，同时也吸引了学者们的研究兴趣，使得这一研究领域人才济济，为该学科的发展提供了人才支撑；三是由于电子计算机的普及与应用，能够进行大量数据的处理与运算，从而赋予统计方法以现实的生命力。

总之，概率论与统计学都是十分年轻、十分有特色又十分活跃的数学分支，在自身理论发展的同时，又有广泛的应用，并与其他学科相结合发展成为边缘学科。

3.9 泛函分析

3.9.1 泛函分析的含义

1903 年，法国数学家阿达玛与意大利数学家伏尔泰拉（1860—1940）研究变分发时，由阿达玛提出了“泛函”这个词。1922 年，法国数学家列维（1886—1971）出版了《泛函分析教程》首次出现“泛函分析”这个词。1932 年，“泛函分析”被正式列入德国《数学文摘》。

至于是谁最先把英文 functional analysis（或其他国家的对应文字）翻译成中文“泛函分析”的已无从查考。一个重要的事实是，中国数学家曾远荣（1903—1994）是我国第一位从事泛函分析的研究者，他 1933 年在美国获得博士学位，从 1932 年起，他引入了维数不加限制的实、复数域或四元数体上的线性空间，在其上定义了内积，并在内积空间线性算子谱论方面有重要突破。1933 年 5 月回国，同年 8 月受聘国立中央大学教授。几十年来，一直从事泛函分析的研究工作，在 Hibert 空间算子理论，特别是三步分解与广义双直交系等方面，做出了开创性贡献。我们有理由相信，曾远荣可能是中文“泛函分析”一词的创始人。

阿达玛

伏尔泰拉

曾远荣

泛函是从函数空间到数域的映射，因此它也是一种“函数”。由于泛函的值是由自变量函数确定的(其自变量称为宗量)，所以也可以将泛函理解为函数的函数，即泛函是两个任意集合之间的某种对应关系，而不再是两个数集之间的对应关系。

泛函分析是研究无限维抽象空间及其分析的学科，或者说是研究无限维线性空间上的泛函数和算子理论的分析学。什么是算子呢？简单地说，从无限维空间到无限维空间的变换叫算子(也叫算符)。给定任意两个集合 x 和 y，并给定一个法则 f，假如对每一个元素 $x \in X$，根据这个法则可以有唯一确定的元素 $y \in Y$ 和它相对应，就说在集合 X 上定义了一个抽象函数或者算子 $y = f(x)$，它的值域包含在 Y 内。假如算子的值是实数，就把这个算子叫泛函数。

泛函分析是现代数学中发生根本性转折的最明显的表现。它综合运用分析的、代数的、几何的方法，研究分析数学、现代物理和现代工程技术中的许多问题。它的特点是探求一般性和统一性。泛函分析实际上是函数集合上的函数，它具有高度抽象的方法，能把初看起来是相距甚远的问题，十分巧妙地统一起来进行研究。相对 20 世纪 50 年代的“老三高”(高等微积分、高等代数、高等几何)，“新三高”(泛函分析、抽象代数、拓扑学)已成为现代数学的中心和数学研究的前沿。

3.9.2 泛函分析的发展

泛函分析起源于 19 世纪 80 年代几何、力学及物理中寻求泛函数极值的问题。1887 年，意大利数学家伏尔泰拉和品契莱尔引进了泛函的初步概念和线性算子的概念以及泛函演算。意大利数学家阿泽拉又定义了线性空间。1897 年，法国数学家阿达玛把泛函的概念定义为无限维线性空间的函数。1906 年，阿达玛的学生弗雷歇(1878—1973)用抽象形式表达了函数空间。空间中每一点是函数,函数的极限可以看作空间中点列的极限。1906 年,弗雷歇在他的博士论文《关于泛函演算若干问题》中,运用康托尔(1845—1918)所创立的集合论思想,对人类所生存的三维空间进行了推广。他把满足某种结构的集合看成"空间",以此为出发点,将数学中的许多问题转化为"空间"上的泛函或"空间"之间的算子的研究。[①]

弗雷歇　　希尔伯特

与此同时,希尔伯特对积分方程进行了系统研究,得到了具体的希尔伯特空间。1906 年,美国数学家摩尔建立线性泛函分析和算子抽象理论的工作。此后德国的施密特、匈牙利的黎兹做出了一系列成果,使泛函分析接近完备。

在 20 世纪 20—40 年代,泛函分析正式发展成为一门学科。在 1920—1922 年间,由波兰数学家巴拿赫(1892—1945)、奥地利数学家汉斯·哈恩(1879—1934)、德国哥廷根学派的海莱(1884—1943)和美国数学家维纳给出了赋范空间的一般定义和公理体系。1926 年,德国哥廷根大学的物理学家薛定锷(1887—1961)创立了基于微分方程的量子力学。匈牙利数学家冯·诺伊曼(1903—1957)大胆地把希尔伯特空间公理化,并把量子力学纳入严格的数学体系中,使之根植于泛函分析之上。30 年代末,波兰数学家马祖(1905—1981)与苏联数学家盖尔芳德(1906—1968)发展了巴拿赫代数理论(赋范环),他们找出了函数空间的结构,创立了变换群调和分析理论,而且通过抽象方法轻而易举地证明了古典分析中的大定理。至此,泛函分析已正式定型,成为一门独立学科。

① 王昌.弗雷歇在抽象空间方面的最初工作[J].科学技术哲学研究,2013,30(1):84-89.

冯·诺伊曼

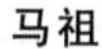

马祖　　盖尔芳德

20 世纪 40 年代初，洛朗·许瓦兹(1915—2002)为代表的法国布尔巴基学派，系统地研究了拓扑向量空间理论，建立了广义函数论的体系，形成了抽象调和分析。同时，还把泛函分析系统地应用于线性分析及非线性分析上。美籍匈牙利物理学家威格纳(1902—1995)创立了群表示论。至 30—40 年代，美国数学家希尔列与日本数学家吉田耕作发展了半群理论。

50 年代以来，在一类线性有界算子的谱分析研究上又有了新的进展，像匈牙利的冯·诺伊曼、苏联的罗蒙诺索夫、芬兰的恩弗罗等取得了不少成果。苏联数学家索伯列夫(1908—1989)引进了多变量可微函数空间。

70 年代，法国数学家康奈斯(1947—)发展了一个非常抽象的非交换积分，引起了广泛注意，并于 1983 年获菲尔兹奖。自 80 年代以来，非线性泛函分析研究取得了长足进展，如非线性映象不动点理论、非线性算子等，这些问题的深入研究一方面发展了非线性泛函分析的基本理论，另一方面为物理、化学、生物等科学提供了工具。

总之，泛函分析可以看作无限维向量空间的解析几何及数学分析，大体上可分为四个部分：函数空间理论、函数空间上的分析、空间之间的映射及算子理论、算子(或函数)集合的代数结构。分析的课题、代数的方法、几何的观点，再加上广泛的应用，这就是泛函分析的特点。它堪称 20 世纪最具综合性的基础学科。

3.9.2 泛函分析的代表人物巴拿赫

巴拿赫[①]，1892 年 3 月 30 日生于波兰的克拉科夫；1945 年 8 月 31 日卒于苏联乌克兰加盟共和国的利沃夫。泛函分析的奠基人之一。

巴拿赫

巴拿赫的父亲是一名铁路职员，母亲将幼年的巴拿赫托付给一位洗衣女工。这位洗衣女工便成了巴拿赫的养母。

巴拿赫的童年过着清苦的生活，早在 14 岁时就不得不到私人家里靠讲课养活自己。1910 年，他中学毕业后，自修数学，并到雅各龙大学听过一段时间的课，后来就读于利沃夫工学院。第一次世界大战使他中断了学业，重回克拉科夫。这时，他虽然失去了接受正规数学训练的机会，但仍不断钻研数学。巴拿赫的数学基础一是靠自学，二是靠同数学家交谈。比他年长 5 岁的数学家斯泰因豪斯就是通过这种方式和他相识。斯泰因豪斯回忆说："1916 年的一个夏夜，我在克拉科夫旧城中心附近的花园散步，无意中听到一段对话，确切地说只听到勒贝格积分等几个词，这吸引我跨过公园长凳和两位谈话者相见，他们正是巴拿赫和尼可丁"（尼可丁也是数学家）。

巴拿赫和斯泰因豪斯在这次夏夜的相识，对他的一生影响很大。那晚斯泰因豪斯提到一个有关傅里叶级数收敛的问题，说自己研究多时尚未解决。仅仅几天后，巴拿赫就找到了答案。1919 年，他们联名将合作研究的结果，发表在《克拉科夫科学院会报》上，这是巴拿赫的第一篇论文。巴拿赫的论文引起了人们的注意。1920 年，利沃夫工学院的罗姆尼斯基教授破格聘他为助教。同年，巴拿赫向利沃夫的简・卡齐米尔兹大学提交了他的博士论文，题为《关于抽象集合的运算及其在积分方程上的应用》，由此取得博士学位。这篇论文发表在 1923 年的《数学基础》第 3 卷上。人们有时把它作为泛函分析学科形成的标志之一。

1922 年，巴拿赫以一篇关于测度的论文取得讲师资格，同年升为副教授。1927 年在利沃夫工学院升为教授。然而早在 1924 年，他已是波兰科学院的通信院士了。

巴拿赫在利沃夫大学的教学与科研活动，使他成为泛函分析方面的世界权威，一群才华出众的青年人聚集在他的周围。在巴拿赫和斯泰因豪斯的指导下，迅速形成了利沃夫数学学派。1919 年，在利沃夫创办了关于泛函分析的专门杂志《数学研究》，至今仍在世界上享有盛誉。

1932 年，巴拿赫的名著《线性算子》作为《数学丛书》第 1 卷刊行于世。这部著作总结

① 韩祥临. 数学史导论. 杭州：浙江大学出版社，1999.

了到那时为止的有关赋范线性空间的所有成果，成为泛函分析方面的一本经典著作。书中提到的线性泛函延拓定理、共鸣定理、闭图像定理，使全世界分析学家看到泛函分析的威力。该书中的全部术语已被广泛采用，而完备的赋范线性空间被后人称为巴拿赫空间。

由于巴拿赫在泛函分析方面的杰出贡献，1936 年在奥斯陆召开的国际数学家大会上他被邀请作大会报告。从 1939 至 1941 年，他是利沃夫大学的校长。1939 年被选为波兰数学会主席。他还是苏联乌克兰科学院的院士。

在德国占领波兰时期，巴拿赫的处境十分艰难，几乎生活难以为继。1944 年秋天，利沃夫城解放，他又回到大学工作。不幸的是，由于战争时的贫困和受到法西斯的摧残，他的健康状况恶化，加上胃癌的侵袭，1945 年 8 月 31 日与世长辞。

为了表示对这位杰出数学家的悼念，1960 年在波兰召开的泛函分析国际会议上举行了纪念巴拿赫的仪式。1967 年出版了巴拿赫全集。1972 年 1 月 13 日，华沙成立了巴拿赫国际数学中心。

巴拿赫不仅在数学上做出了巨大贡献，而且还培育了大批青年数学家，为形成强大的利沃夫泛函分析学派奠定了基础。他培养青年人的方式是很特别的，这就是“咖啡馆聚会”。当年利沃夫学派的一个年青学者乌拉姆，曾写过一篇题为《回忆苏格兰咖啡馆》的文章，其中写道：“巴拿赫一天生活中有相当多的时间消磨在咖啡馆，当有同事和年轻同行围坐时，他可以滔滔不绝地讲上几个钟头。”“咖啡桌跟大学研究所和数学会的会场一样，成了爆发数学思想火花的圣地。”“在苏格兰咖啡馆（利沃夫城内一间受数学家欢迎的咖啡馆）的频繁聚会中，数学家提出了各种问题。有时问题很多，大家觉得应该记下来，于是在咖啡馆内专门准备了记录本，以便随时使用。这些记录本后来成为一部传奇式的书：‘苏格兰书’。由于提问者当时或后来都很著名，使得这些记录具有重要的科学与历史价值，而且具有一种引起人们求知欲望的力量。由于巴拿赫夫人的功劳，这些‘苏格兰书’才免遭战火，奇迹般地保存下来了。”

斯泰因豪斯在描绘巴拿赫个性时曾指出，巴拿赫所处的那个时代，波兰科学家还受到宗教殉道观念的束缚，即知识分子应当远离尘世的欢乐，像苦行僧那样清贫寡欲。但巴拿赫没有向这种观念屈服，不愿做圣徒的候选人。他是一位现实主义者，甚至到了接近玩世不恭的程度。他强调自己祖先的山民血统，并对那些无所专长的所谓有教养的知识分子持蔑视态度。

巴拿赫恰好在第二次世界大战结束时去世，这使人们十分惋惜。斯泰因豪斯回忆巴拿赫时这样写道：“他最重要的功绩是从此打破了波兰人在精确科学方面的自卑心理，……他把天才的火花和惊人的毅力与热情融为一体。”

3.10 拓扑学

3.10.1 “拓扑学”一词的由来

英文 topology 原意为地貌，起源于希腊语 τοπολογ，是希腊文“位置”和“研究”(τόπος 和 λόγος)的结合。1679 年，莱布尼兹把该学科称为形势分析学。德国数学家约翰·里斯丁(1808—1882)1848 年出版了著作《拓扑学初步》，本来取名为“位置几何学”，可是这个名称已被斯陶特(1798—1867)用来解释射影几何学，于是他就采用了“Topologic”这个词。后来与“Topologic”相近的“Topographie”是地形学的含义，翻译成英文为 topography。故 topology 有地形、地势的意思，可直译为“地志学”。日本学者将 topology 译为位相几何学，中国早期也曾译为形势几何学、连续几何学。

姜立夫

中国著名数学家姜立夫倾注了大量心血进行数学名词的审定。特别是审定了纯粹数学方面许多最基本的名词，已构成今日整个数学名词的基础。他首先创用“拓扑学”这个中文词，后来经过江泽涵(1902—1994)提倡，1956 年《数学名词》确定将与 topology 对应的学科译为拓扑学，它是 topology 的译音。

3.10.2 拓扑学的发展

拓扑学是研究图形(或集合)在连续变形下不变的整体性质的学科，是几何研究中由局部到整体的桥梁，过去有人称做“位置分析”，并有“橡皮几何学”的俗称。简单地说，拓扑学是研究连续性和连通性的一个数学分支。

1679 年，德国数学家莱布尼茨提出“形势分析学”这个名词。1736 年，欧拉解决了哥尼斯堡的七桥问题，又在 1750 年发表了多面体公式。我们先来看看欧拉是如何处理哥尼斯堡的七桥问题的。

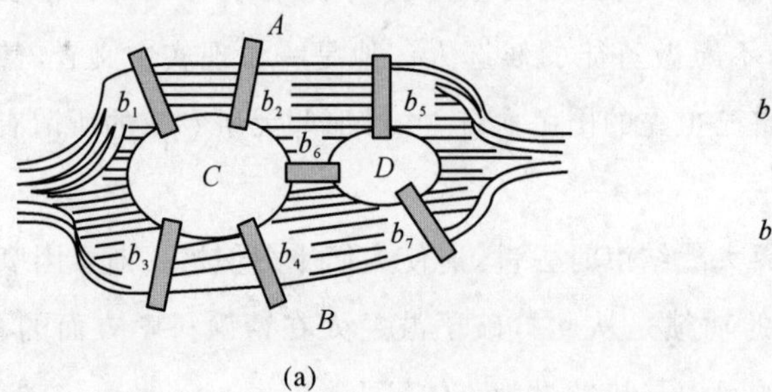

(a)

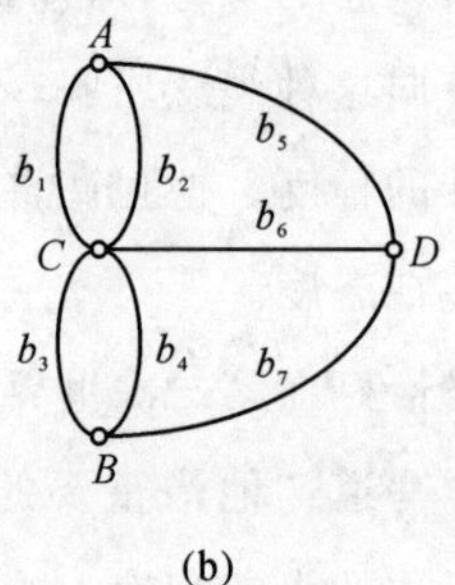

(b)

哥尼斯堡的七桥

由于普累格尔河的两条支流在哥尼斯堡市内汇合，将全城分为北区、东区、南区和中间的克奈芳福岛区。为交通方便，在河上架了七座桥。有人提出了这样的问题：能不能找到一条路线，可以通过所有这七座桥，每座桥恰好只通过一次，最后又回到原来的出发点？

许多人都热衷一试，但都没有成功。后来人们去请教欧拉，1736 年，欧拉在彼得堡科学院作了一次报告，出色地解决了这一问题。

欧拉

欧拉认为该问题的关键是如何依次地、不重复地通过七座桥，与市中街道的选择及七座桥的曲直长短无关。基于这种认识，欧拉把北区、岛区、南区、东区分别看成是 A、B、C、D 四个点，将七座桥看成是七条连接于这四点的线。这样七桥问题就简化为一笔（不重复）画问题。这样就把问题的实质突出来了。

若想细心地将所有可能的走法列出来，以检查所要求的路线是否存在，原则上是可以的。但欧拉认为这样做一方面太困难，因为可能的路线是一个很大的组合数。同时，找不出并不能说明不存在。另一方面方法太特殊，即使解决了这一问题，对其他类似问题，仍无能为力。欧拉认为应该寻找一种更一般的方法，不是就具体问题进行讨论，而是抽象地讨论一般的一笔画图形的问题。

欧拉首先分析了一笔能画出的图形的特征：从图形的某一点出发，到某一点终止，因此，只有一个起点和终点，其余各点都是经过点。

因为要从起点画出，所以在起点处至少应有一条线与之相连，若还有其他线在起点处交叉，则因为总是一进一出相伴，所以起点处交叉的线条数为奇数，我们称这种点为奇顶点。终点也具有同样的性质。

至于其余的点都是经过点，必定是先进后出，无论经过多少次，在该点处交叉的线段数总是偶数，我们称这种点为偶顶点。

这样当起点与终点不同时，一笔画出的图形的特征是：只有两个奇顶点。若还有其他点，应是偶顶点。当始点与终点重合时，则该点也是偶顶点。这时一笔画出图形的奇顶点个数为零。

由此，欧拉得出一般结论：一笔画出的图形中，奇顶点数为 2 或 0。

欧拉又给出：对于一个连通在一起的图形，若图形的奇顶点数是 2 或 0，则这个图形一定可以一笔画出。并且说明，当奇顶点为 0 时，从图形的任一点画起都可以；若奇顶点为 2 时，起点必须选在奇顶点。这样，欧拉给出一般性的一笔画定理：一笔画出图形的充分必要条件是该图形的奇顶点数为 0 或 2。对于七桥问题，由于 A、B、C、D 是四个奇顶点，所以不能一笔画出。

欧拉对哥尼斯堡七桥问题的研究是一门新几何学的先声。它的特点是只研究图形中点、线间的位置,不考虑长短、大小、曲直问题。这与欧氏几何迥然不同,因为欧氏几何就是研究角的大小、线的曲直长短等,图形在“搬动”过程中必须保证是不变形的,就像钢板做成的一样。因此,有些数学家称欧氏几何为刚体几何。而欧拉所研究的新几何学中的图形就像儿童玩的胶泥做成的一样。只要保持点、线间的次序不变,扭曲前与扭曲后图形是“相等”的。这种几何学显然是一种非刚体几何学。

在拓扑学的发展历史中,欧拉还给出了著名的多面体定理:如果一个凸多面体的顶点数是 v、棱数是 e、面数是 f,那么它们总有这样的关系:$f+v-e=2$。

纪念欧拉发现多面体定理的邮票

1851 年,德国数学家黎曼在复变函数的研究中提出了黎曼面的几何概念,他认为,要研究函数和积分,就必须研究形势分析学。于是,他身体力行,自己解决了可定向闭曲面的同胚分类问题。

黎曼

1852 年,毕业于伦敦大学的格斯里在给地图着色时,发现每幅地图都可以只用四种颜色着色。他试图从理论上进行一般性证明,但没有结果。1872 年,英国数学家凯利正式向伦敦数学学会提出了四色问题(出称四色定理或四色猜想),于是四色问题成了数学界关注的问题。该问题的本质正是二维平面的固有属性,即平面内不可出现交叉而没有公共点的两条直线。很多人证明了二维平面内无法构造五个或五个以上两两个相连区域,但却没有将其上升到逻辑关系和二维固有属性的层面,以致出现了很多伪反例。

我们知道,普通纸带具有两个面(即双侧曲面),一个正面,一个反面,两个面可以涂成不同的颜色。但 1858 年,德国数学家莫比乌斯(1790—1868)和约翰·里斯丁发现了这样一个很有趣的事实,把一根纸条扭转 180°后,两头再黏接起来做成的纸带圈,具有魔术般的性质:纸带只有一个面(即单侧曲面)。它不能用不同的颜色来涂满,它是一种“不可定向的”空间。一只小虫可以爬遍整个曲面而不必跨过它的边缘。这种纸带被称为

“莫比乌斯带”(也就是说，它的曲面从两个减少到只有一个)，由于可定向性是一种拓扑性质。这意味着，不可能把一个不可定向的空间连续的变换成一个可定向的空间。莫比乌斯带是一种拓展图形，它在图形被弯曲、拉大、缩小或任意的变形下保持不变，而且在变形过程中不使原来不同的点重合为同一个点，也不产生新点。

莫比乌斯带

在 1882 年，数学家克莱因发现了后来以他的名字命名的“瓶子”：克莱因瓶。它的结构可表述为：一个瓶子底部有一个洞，延长瓶子的颈部并扭曲地进入瓶子内部，然后和底部的洞相连接。它没有“边”，其表面不会终结，没有内外之分。在拓扑学上，它是一个不可定向的拓扑空间。

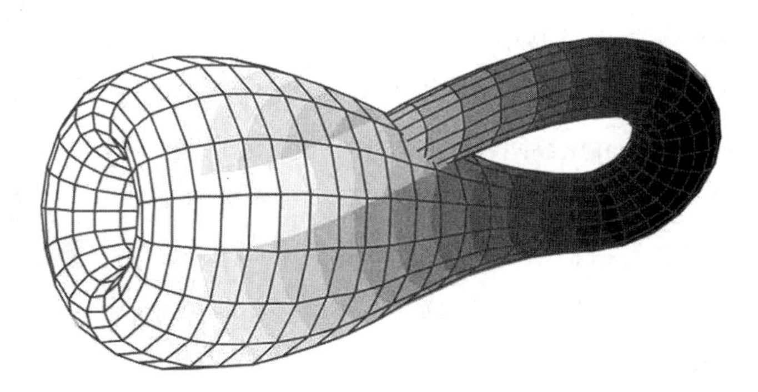

克莱因瓶

从 1873 年起，康托尔系统地开展了欧氏空间中点集的研究，在点集论的思想影响下，最终产生了抽象空间的观念。在 1895—1904 年间，庞加莱创立了用剖分研究流形的基本方法，提出了著名的庞加莱猜想。

庞加莱

至 20 世纪初，拓扑学已分为点集拓扑（或称一般拓扑）和组合拓扑（包括代数拓扑和微分拓扑）两大部分。前面提到的拓扑变换都是连续变换，那么何谓连续？这就要涉及极限理论。极限的基础是邻域，通常将 R 上 a 点的 ε 邻域表为 $(a-\varepsilon, a+\varepsilon)$。至于平面上，$a$ 点的 ε 邻域可以是圆盘：$\{z \mid |z-a|<\varepsilon\}$，也可以是正方形 $\{(x,y) \mid \max\{|x|, |y|\}<\varepsilon\}$，也可以是菱形 $\{(x,y) \mid |x|+|y|<\varepsilon\}$。这些邻域对描写欧氏平面上点的极限过程都是等价的。

于是，人们就想建立一套点集上的邻域理论，这就是诞生于 20 世纪初的点集拓扑。点集拓扑把几何图形看作点的集合，再把集合看作一个用某种规律连结其中元素的空间。点集拓扑中最重要的篇章是距离空间。当然数学家根据各种不同的需要，可以造出各色各样稀奇古怪的拓扑空间。不过，点集拓扑无非是一种工具，它的主要任务在于研究各种点集的特性，按某种特征将点集分类。如紧集就是点集拓扑中十分重要的概念。点集拓扑是 1906 年，法国数学家弗雷歇（1878—1973）等人在康托尔一般集合论的基础上发展起来的。

弗雷歇

1914 年，德国数学家豪斯道夫著《集合论基础》，该书以邻域的概念为基础，定义了拓扑空间，给出了点集拓扑的公理化体系，奠定了点集拓扑的理论基础。在今天，我们也常称这种拓扑空间为豪斯道夫空间，所以在 20 世纪 20 年代以后，点集拓扑虽然仍有许多新的成果，但其研究高潮已过去。

组合拓扑把几何图形看作由一些基本构件所组成，用代数工具结合这些构件，并研究图形在微分同胚变换下的不变性质。庞加莱是人们公认的代数拓扑的奠基人，从 1892 至 1933 年，在发现高阶同伦群之前，代数拓扑的发展完全基于庞加莱的思想和方法。20 世纪 30 年

豪斯道夫

代，德国女数学家诺特把抽象代数的概念引入拓扑学。30—40 年代，布尔巴基学派及美国数学家又引入纤维丛、示性类等一系列新工具，为拓扑学进一步奠定了基础。从 20 世纪 50 年代起，在代数拓扑中同伦、同调是两个基本概念，伴随同调论及同伦论的建立，代数拓扑突飞猛进，取得许多成果，至今昌盛不衰。

诺特

惠特尼

组合拓扑发展的另一方向是研究微分映射性质，阐明流形的拓扑结构、组合结构、微分结构等的关系，而不去考虑微分几何学中的概念如联络、曲率、测地线等，这就是微分拓扑学。1936 年，美国数学家惠特尼(1907—1989)证明了微分流形浸入定理，正式创立微分拓扑。

20 世纪 50 年代中期以后，法国的托姆(1923—2002)、美国的米尔诺(1931—)和斯梅尔(1930—)、英国的齐曼(1925—2005)等著名数学家的一系列重要成果把微分拓扑这门学科的研究推向高潮。微分拓扑学中重要的问题是流形的拓扑分类。1945 年，美籍华人陈省身建立了代数拓扑与微分几何的联系，并推进了整体几何学的发展。另外，微分流形(乃至一般拓扑流形、PL 分段线性流形)的嵌入和浸入问题一直是拓扑学的根本问题之一。在这些方面，20 世纪 50 年代以后已取得了惊人的成果。但仍有许多尚未解决的问题，它同代数拓扑一样，至今仍是数学发展的前沿。

陈省身

在美国控制论专家扎德(1921—)1965年创立模糊(或不分明)数学之后三年,美国数学家秦基于1968年提出了不分明拓扑空间的概念。自此,不分明拓扑学在推广型研究、分析型研究以及代数型研究等三个方向,无论在广度和深度上都得到了迅速发展。它不仅做出了与传统的精确数学水准完全匹配的工作,而且帮助人们深化了对于若干数学基本概念的认识。在不分明拓扑学中,建立适宜的不分明拓扑空间的收敛理论是其发展的一个中心课题,而紧性又是最重要的一种拓扑性质,这其中还有许多问题没有解决。虽然不分明拓扑学与通常的分明拓扑学有很大的相似性,但由于前者比后者多了一个层次结构,所以各部分理论更加复杂。目前有关这方面的成果层出不穷,一直吸引着许多有才华的数学家的兴趣。

扎德

当今,拓扑学已成为最丰富多彩的数学分支,并得到了广泛应用。在历届菲尔兹奖获得者中,与拓扑学有关的占三分之一;与代数几何有关的也占三分之一,而所有代数几何学的工作都离不开拓扑学。第二次世界大战以后,拓扑学已成为现代数学发展的主流,被称为纯粹数学的骄子、核心数学之核心。20世纪80年代以来,纯粹数学界的重大事件多与拓扑有关。弗里德曼解决四维的庞加莱猜想,唐纳森得到四维空间是两种以上的微分结构,都是拓扑学工作,他们两人都是1986年数学最高奖菲尔兹奖的得主。可以说,不懂拓扑学就不可能懂得现代数学。

3.10.3 中国对拓扑学的贡献

中国拓扑学的开拓者是著名数学家江泽涵。他1902年生于安徽省旌德县江村,在哈佛大学以研究拓扑学中的莫尔斯理论获博士学位,在普林斯顿大学任研究助教一年后,于1931年回到北京大学数学系任教授。中华人民共和国成立后,江泽涵当选中国科学院学部委员(院士),中国数学学会副理事长,北京市数学学会理事长。江泽涵在临界点理论和不动点理论方面取得了不少研究成果。他把莫尔斯理论直接用于分析中,就各种分布类型系统地研究了区域的拓扑特征与牛顿位势临界点的型的关系。1979年出版专著《不动点类理论》。

江泽涵

江泽涵有两个著名学生。一个是姜伯驹,他1937年出生在天津,1957年毕业于北京大学数学系,1981年当选为中国科学院学部委员(院士),1985年当选为世界科学院院士。他最有名的成果现在通称为“姜伯驹群”。另一位学生是石根华,他1939年出生于河北省乐亭县一个农民家庭,1957年考入北京大学数学系,1963年考取江泽涵的研究生,以拓扑学中的“石氏类型空间”和“石根华条件”著称。

吴文俊是中国进行拓扑学研究的另一位数学家。他 1940 年毕业于上海交通大学，1945 年进入中央研究院数学研究所，由陈省身指导，学习拓扑学。1947 年留学法国，在爱勒斯曼和 E. 嘉当指导下，获得了法国国家博士学位。1951 年回国。吴文俊在拓扑学方面的成就集中在“复形在欧氏空间中的实现问题”上，他的科学论著《示性类及示嵌类的研究》获 1956 年全国首次自然科学奖一等奖。在示性类及示嵌类方面的一系列成果，被国外称为“吴文俊公式”“吴文俊示性类”，并写入教科书和词典。吴文俊还把拓扑学知识用于无线电工程的线路设计问题，取得了良好的效果。由于吴文俊的杰出贡献，他于 1955 年当选中国科学院学部委员(院士)。1983 年，吴文俊当选为中国数学学会理事长，这是继华罗庚之后的第二任理事长。近年来，吴文俊又致力于几何命题的机器证明和中国数学史的研究并做出了卓越贡献。

吴文俊

另一位著名的拓扑学家是张素诚(1919—)。他 1916 年生于浙江萧山。1939 年毕业于浙江大学理学院数学系，1946 年去中央研究院数学研究所任助理研究员。1947 年 10 月去英国牛津大学攻读博士学位。1949 年学成回国，任浙江大学教授。1952 年去北京中科院数学所。他的著名工作是 $A_n^2(n > 2)$ 多面体分类，给出了规范形式，国际上称为“张氏法形式”。在希尔顿的名著《同伦论引论》中，有一节的标题是“张素诚正则复形”。张素诚在中国最早使用范畴和函子概念，并用于同伦论。

20 世纪 50 年代以来，中国又出现了一大批数学人才，他们各自在拓扑学的某些方向上做出了突出成绩。

20 世纪 80 年代以后，中国在不分明拓扑学方面队伍宏大、成绩斐然，形成了独具特色的中国学派。特别是邻近构造的革命创立重域、远域方法，开辟了不分明拓扑学研究的新方向。1977 年，蒲保明(1910—1988)和刘应明(1940—2016)引进不分明点的一种定义，建立了它的合理邻近构造重域系，从而成功地得到一个完整的 Moore-Smith 收敛理论，并对积空间与商空间问题给出了系统的结果。其中，刘应明是中国不分明(模糊)数学研究领域有成效的开拓者之一，也是世界不分明拓扑学的主要奠基人之一。

致　谢

本书在写作过程中，深入贯彻党的二十大关于“加强基础学科、新兴学科、交叉学科建设，加快建设中国特色、世界一流的大学和优势学科”的精神，同时阅读和参考了大量中外有关原著和近人的论著，除了在正文中标注的外，还有许多其他资料，由于受篇幅所限不能一一列举，在此谨表致谢！

国家自然科学基金（项目编号：11871121）、湖州师范学院和湖州学院提供了资金支持。孟庆欣教授、唐矛宁教授和欧阳成教授十分关注本书的出版，并提出了许多建设性意见。初良龙教授对数学外文词语的来源提出了很好的建议。女儿韩笑为本书的图片和文字处理做了大量有效的工作。2019 级研究生王心宇、欧桥、瓦米，2020 级研究生蔡璐、李慧琳、袁春红、张天姿，2021 级研究生陈昊玥、李芙蓥、田森参与了本书的撰写工作，还阅读了全部手稿，提出了许多宝贵意见。对上述人员以及所有关心支持本书出版的单位和个人一并表示深深的感谢！

韩祥临

2023 年 10 月